材料研究与应用丛书

氢化锆表面防氢渗透层微弧氧化制备技术

Preparation Technology of Hydrogen Permeation Barrier Coatings by Micro-Arc Oxidation on Zirconium Hydride Alloy

王志刚　钟学奎　　著

陈伟东　主审

哈尔滨工业大学出版社
HARBIN INSTITUTE OF TECHNOLOGY PRESS

内容简介

随着我国"双碳"战略目标的全面推进,构建以核电能源为主体的新型电力系统是可再生能源大规模发展的重要保障。以氢化锆材料作为慢化剂的微型核反应堆电源,是适用于海、陆、空、天任务的理想电源。然而,在650~750 ℃服役温度下氢化锆存在氢析出的弊端,严重影响氢化锆的慢化效率和服役寿命。本书在涂层材料与技术基本理论的基础上,提出基于微弧氧化技术在氢化锆慢化剂表面制备防氢渗透层,探讨微弧氧化工艺技术、原理及防氢渗透层组织结构演变与阻氢渗透性能,为高性能防氢渗透层的设计与制备提供基础理论与方法。

本书可供从事屏蔽慢化材料设计、多功能防护涂层设计与制备的研究工作者,以及相关专业的高校师生阅读参考。

图书在版编目(CIP)数据

氢化锆表面防氢渗透层微弧氧化制备技术/王志刚,
钟学奎著. —哈尔滨:哈尔滨工业大学出版社,2024.3(2024.7 重印)
(材料研究与应用丛书)
ISBN 978-7-5767-1328-2

Ⅰ.①氢… Ⅱ.①王… ②钟… Ⅲ.①金属表面处理
-研究 Ⅳ.①TG17

中国国家版本馆 CIP 数据核字(2024)第 073580 号

策划编辑 许雅莹
责任编辑 许雅莹 张 权
封面设计 刘 乐
出版发行 哈尔滨工业大学出版社
社 址 哈尔滨市南岗区复华四道街 10 号 邮编 150006
传 真 0451-86414749
网 址 http://hitpress.hit.edu.cn
印 刷 辽宁新华印务有限公司
开 本 720 mm×1 000 mm 1/16 印张 10 字数 174 千字
版 次 2024 年 3 月第 1 版 2024 年 7 月第 2 次印刷
书 号 ISBN 978-7-5767-1328-2
定 价 68.00 元

前　言

《"十四五"能源领域科技创新规划》中明确指出,以更安全、更高效、更经济为主要特征的新一代核能技术及其多元化应用,成为全球核能科技创新的主要方向;强调第三代和新一代核反应堆、模块化小型堆、核能供热等多元应用是引领未来全球核能产业安全高效发展的主要任务。随着我国航天科技的跨越式发展,传统的空间电源难以满足未来航天器的应用需求。空间核反应堆作为一种高效持久的微型空间电源,具有质量轻、体积小、功率大、抗辐射能力强和使用寿命长等优点,是改变未来航天动力格局的颠覆性技术之一。核反应堆慢化材料是使核裂变反应产生的快中子减速而引入活性区的核反应堆材料,又称为核反应堆慢化剂。由于氢化锆具有优异的热稳定性、高的氢密度、低的中子俘获截面、良好的导热性能和负的温度反应系数,因此成为微型核反应堆的理想慢化剂材料。然而,氢化锆慢化材料在实际工程应用中存在氢析出的弊端,严重影响氢化锆慢化材料的慢化效率和服役寿命,如何抑制氢化锆在服役温度下的氢损失是氢化锆慢化材料必须解决的核心问题。在不影响使用性能的前提下,通过在氢化锆表面制备氢渗透率低的防氢渗透层是解决氢损失的有效措施。

全书共5章。第1章为绪论,主要内容包括氢化锆慢化材料概述、氢化锆表面防氢渗透层的研究现状、微弧氧化技术概述、氧化锆陶瓷材料概述。第2章为硅酸盐体系氢化锆表面微弧氧化防氢渗透层的试验研究,主要内容包括微弧氧化双极性脉冲电源与电流变化规律、工艺参数对氢化锆表面微弧氧化陶瓷层厚度的影响、氢化锆表面微弧氧化陶瓷层组织结构与性能。第3章为磷酸盐体系氢化锆表面微弧氧化防氢渗透层的试验研究,主要内容包括工艺参数对氢化锆表面微弧氧化陶瓷层厚度的影响、氢化锆表面微弧氧化陶瓷层组织结构与性能。第4章为磷酸盐体系氢化锆表面微弧氧化电参数的正交优化设计,主要内容包括正交试验设计及其数据分析、微弧氧化电参数对陶瓷层致密性及厚度的影响。第5章为磷酸盐体系氢化锆表面微弧氧化陶瓷层生长与阻氢性能研究,主要内容包括恒压模式下氢化锆表面微弧氧化过程研究、氢化锆表面微弧氧化陶瓷层的表征、氢化锆表面微弧氧化陶瓷层阻氢性能及放氢损伤行为研究、微弧氧化陶瓷层表面封孔防氢渗透层制备与性能。

本书依托内蒙古工业大学内蒙古自治区薄膜与涂层重点实验室、内蒙古科技大学内蒙古自治区先进陶瓷材料与器件重点实验室,紧密围绕微弧氧化技术,将研究团队近十载的研究成果归纳整理而成。本书集机理、工艺、试验三位一体从而形成系统化研究,有力支撑氢化锆慢化剂材料防氢渗透层研究。本书得到了内蒙古自治区本级事业单位引进人才科研启动项目的支持,在此表示诚挚谢意。

本书由内蒙古科技大学王志刚、包头轻工职业技术学院钟学奎共同撰写。内蒙古工业大学陈伟东教授任主审。

本书可为本领域学者及相关工程技术人员进行理论研究和应用技术开发提供借鉴与参考,也可供相关专业人员及高校师生阅读参考。鉴于作者水平有限,书中难免存在疏漏和不足之处,敬请广大读者批评指正。

作　者

2023 年 12 月

目　　录

第1章 绪 论

1.1 氢化锆慢化材料概述

1.1.1 氢化锆在核反应堆电源中的应用

航天技术的发展开拓了以太空为载体的新纪元,集中体现了国家科技发展水平,是国家综合实力的重要标志。依托于国家"十一五""十二五"重大战略部署,随着我国航天在空间技术、空间应用、空间科学等领域的起步与发展,人们对太空能源的需求日益增长。空间电源是将化学能、太阳能及核能等形式的能量转化为电能的装置,是各种航天器中必不可少的关键系统,决定着深空探测任务执行的深度和广度,是飞行器能够顺利完成卫星平台的轨道转移、载人星际探测、采样信息返回等任务的有力保证。空间电源的性能指标主要包括飞行器探测时间、探测距离和有效载荷等方面。随着人类对太空探索的深入,未来任务的重点将转向对火星及其他更远星球的探索,因此要求电源系统具备功率大、质量轻、体积小、寿命长和低成本等特点。空间电源分为化学电源、太阳能空间电源和空间核反应堆(Space Nuclear Reactor,SNR)电源三种形式,不同空间电源使用寿命及功率水平如图1.1所示。

20世纪60—70年代,化学电源因其优越的安全性和可靠性而备受人们青睐,但化学电源存在比能量低、寿命短和一次性使用等问题,因此只适用于低功率、短期的空间飞行器。依托于半导体技术的发展,太阳能空间电源系统应运而生,并成为空间技术中的支撑性电源。然而,随着空间电源对功率需求的增加,其布片面积将成比例线性增加。此外,远距离星球探测中由于太阳光强度的降低,极大限制了太阳能空间电源的应用。图1.2所示为太阳系地球外行星位置的太阳光强度分布,从图中可以看出,距离地球最近的火星太阳光强度仅为地球太阳光强度的1/2,而在更远离太阳的土星上,太阳光强度急剧降低。空间核反应堆电源是自持式核裂变能在空间的应用,能从根本上解决未来航天器大功率

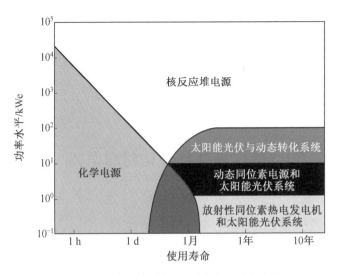

图 1.1　不同空间电源使用寿命及功率水平

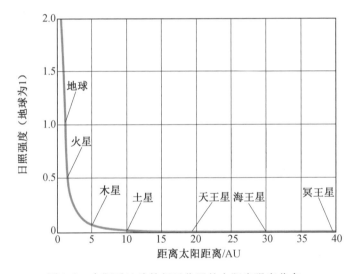

图 1.2　太阳系地球外行星位置的太阳光强度分布

需求的瓶颈问题,是大规模开发和利用空间资源的前提。研究机构展开对核动力空间电源的探究最早可追溯到 20 世纪 60—70 年代。核动力空间电源具备功率大、比能量高、寿命长和优越的机动性等特性,核动力空间电源还具有质量轻、尺寸小、不受光照强度影响和抗辐射能力强等特点,因此核动力空间电源尤其适用于有机动变轨能力、大功率、低轨道的卫星。目前,同位素电源和空间核反应堆电源是核动力空间电源的两种基本形式。美国及苏联核动力空间电源的发展均起源于同位素电源(输出功率为 3 ~ 300 W)。美国于 1956 年启动了空间核动力辅助计划(Space Nuclear Auxiliary Power,SNAP),于 1961 年将第一个载有放射性同位素温差发电器(Radioisotope Thermoelectric Generator,RTG)成功应用于导航卫星。20 世纪末期,美国已将 44 台 RTG 成功应用于 25 个航天器上。苏联执行猎户座计划(ORION 计划),在 1965 年将^{210}Po-RTG 作为卫星辅助电源成功应用于宇宙-84 和宇宙-90 号侦察卫星;另外,苏联于 20 世纪 70—80 年代将千瓦级功率的核反应堆温差发电器(RO-MASHKA)成功应用于雷达海洋侦察卫星上。

　　在同位素电源中,Po-210 是首次成功应用于实践的同位素之一,其放热量为 141 W·g^{-1},然而半衰周期较短,仅为 4.5 个月。可见,工作周期如此短显然不能满足远星际、长周期、大功率探测任务的需求。基于此,选用半衰变周期(约 90 年)较长的 Pu-238 作为同位素电源的热源,其放热量约为 0.6 W·g^{-1},基本能够满足长周期航天飞行的需求,但 Pu-238 同位素价格较昂贵。此外,Sr-90 是一种较为廉价的同位素,半衰周期小于 20 年,放热量仅为 0.94 W·g^{-1}。同位素电源一次输出功率在 3 ~ 300 W 之间,因此,为满足高功率水平太空电源和空间电源的需求,有必要发展空间核反应堆电源。20 世纪 50 年代末 60 年代初,美国开始开展空间核反应堆电源的研究。随着二极管技术的兴起,苏联利用核反应堆的热量对二极管进行加热,使其中具有高功率函数的金属发射极产生电流。苏联于 1987 年发射的第一个热离子辐射式电源 TOPAZ-1 正是采用这种系统,其热电转化效率为 5.8%,功率为 5 ~ 10 kW,工作寿命长达 1 年。苏联延续 TOPAZ-1 相继研发了 TOPAZ-2、TOPAZ-3。TOPAZ 系列空间核反应堆电源具有寿命长、体积小、质量轻、功率大和比功率高等特点,是当前可迅速工业化的最先进的空间核反应堆电源之一,将为人类进行远距离深空探测和大功率低轨道卫星探测提供革命性的技术支撑。

　　TOPAZ-2 空间核反应堆电源是采用 11.5 kg 高富集度 UO$_2$作为燃料,以氢化锆材料作为慢化剂的热离子核反应堆电源系统。TOPAZ-2 空间核反应堆电源堆芯由氢化锆慢化元件、侧铍反射层、端部铍反射层、堆芯筒体、37 根热离子燃料元件(Thermionic Fuel Element,TFE)、12 个转鼓和其他堆内构件组成,其核反应堆堆芯结构示意图如图 1.3 所示。1989 年美国政府提出太空探索计划(Space Explore Initiative,SEI),目标是实现采用已成功应用于月球环境的系统进行火星探测。由美国国家航空航天局和美国原子能委员会组成的 SEI 联合组专家一致认为最佳的动力方案是采用火箭核动力系统,蜂窝状核动力火箭发动机的设计是该方案的核心。采用全新的核燃料设计方案,主要目的是在满足动力需求的情况下对堆芯实现简化设计,减少核动力火箭发动机的质量,其中采用氢化锆作为慢化剂是堆芯慢化方案"蜂巢栅格型慢化方案(Moderated-Square Lattice Honeycomb,M-SLHC)"的核心。由于经过氢化锆慢化的热中子谱更易使 U-235 发生裂变,因此在 M-SLHC 方案中,通过采用氢化锆材料作为慢化剂使得 M-SLHC 的临界直径和 U-235 装载量分别降低 132 mm 和 82.8 kg。可见,在核动力系统中氢化锆慢化剂发挥着重要作用。

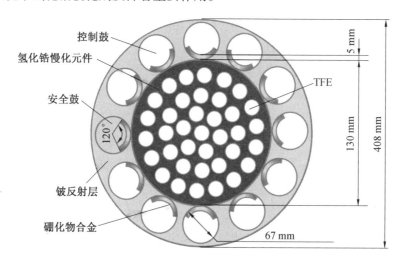

图 1.3　TOPAZ-2 核反应堆堆芯结构示意图

　　氢化锆具有优越的热稳定性和辐照稳定性、较高的含氢量($n(H)/n(Zr)>$1.8)、低的中子俘获截面和优良的导电性能,是理想的固体中子慢化材料。在核性能方面,氢化锆具有负的温度反应系数,即核反应堆功率升高导致温度升高时,氢化锆将产生负反应性反馈,抑制功率上升速率,导致其慢化效率下降,使核裂变反应速率下降,从而提高核反应堆的安全性。在 TOPAZ-2 核反应堆中,氢化锆慢化剂具有正的温度反应系数,能减少核反应堆燃料装载量和缩短启动时间,是核反应堆能在无高压容器且较高温度(约为 650 ℃)下工作的有力保障,该堆芯结构的全新设计是离子核反应堆电源系统持续发展的重要基础。可见,氢化锆慢化剂是热离子核反应堆空间电源安全、可靠、持续运行的有力保障。

1.1.2　氢化锆慢化原理概述

　　在核反应堆中,重核裂变主要依赖于中子的碰撞激发。在中子碰撞激发的核裂变反应过程中,其反应截面随着中子能量的增加而减小。因此,降低中子的能量是提高持续核裂变反应可能性的有效途径。因为 U-235 中慢中子(热中子)的裂变截面远大于快中子(裂变中子)的裂变截面,所以吸收动能较小的慢中子更易引发 U-235 裂变。固态氢化锆是氢原子固溶于锆合金晶格间隙中所形成的过饱和固溶体,因此氢原子在锆晶体间隙中处于束缚状态。当中子与氢化锆相互作用时,晶体将被激发为振动态,这种振动态的量子称为声子。因此,中子在碰撞过程中通过声子得失实现能量转移。可见,U-235 裂变是通过中子与氢化锆晶体碰撞实现量子化的能量交换。U-235 的裂变过程可表示为

$$\begin{matrix} ^{235}_{92}U + ^{1}_{0}n \rightarrow ^{A1}_{Z1}F_1 + ^{A2}_{Z2}F_2 + v^{1}_{0}n + E \end{matrix} \tag{1.1}$$

通过麦克斯韦(Maxwell)分布对核裂变反应过程产生的中子能量进行统计描述,每次裂变平均产生 2.5 个能量(约为 2 MeV)的中子。将速度为 20 000 km·s^{-1} 的快中子慢化为 2 200 m·s^{-1} 的慢中子是一种降低中子临界质量的有效方法,从而使天然 U 或低富集 U 成为可用的核燃料,利用称作慢化剂的材料可以达到这一目的。图 1.4 所示为核反应堆中子慢化原理及 U-235 裂变示意图。

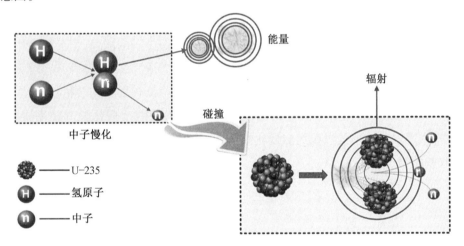

图 1.4 核反应堆中子慢化原理及 U-235 裂变示意图

中子能量分布在能量数 kT(k 为玻尔兹曼常数,T 为绝对温度)到约为 10 MeV 的能量范围内,通过中子与静止状态的轻质原子核之间的弹性碰撞可有效降低中子能量,中子慢化原理如图 1.4 所示。假设原子核质量为 A,则初始能量为 E_n 的中子所损失的能量 ΔE_n 可表示为

$$\frac{E_n - \Delta E_n}{E_n} = \frac{A^2 + 2A\cos\theta + 1}{(A+1)^2} \tag{1.2}$$

式中 θ——质量中心系统中的中子散射角。

因此,式(1.2)可以改写为

$$\Delta E_n = E_n \frac{2A(1-\cos\theta)}{(1+A)^2} \tag{1.3}$$

当 $\theta = \pi$,则 $\cos\theta = -1$,ΔE_n 最大,括号内的值变为 $4A/(1+A)^2$,用 α 来表示。在质量中心系统中的散射一般是各向同性,中子损失的平均能量是最大能量,即

$$\overline{\Delta E_n} = \frac{1}{2}\alpha E_n \tag{1.4}$$

式(1.4)表示每次碰撞中的能量损失与散射原子核的原子量有关。在最小原子核情况下,即 $A=1$,$\alpha=1$,由式(1.3)和式(1.4)可知,当中子与氢原子核发生碰撞可能失去它全部的动能。随着原子量增加,α 可以用下式表示:

$$\alpha = 1 + \frac{(A+1)^2}{2A} \tag{1.5}$$

针对中子和原子核的碰撞过程,一般定义一个平均对数能降 ξ,即 $\ln(E_1/E_2)$ 碰撞的平均值,其中 E_1 和 E_2 分别为中子碰撞前后的能量。

在慢化材料中,中子与原子核的碰撞能有效降低中子的能量,但又避免中子能量被过多地吸收。此外,慢化剂要求其状态为液态或固态,气态因其密度太小而不适用。在热离子核反应堆中,慢化剂的应用能降低核燃料的装机量,能在核燃料丰度随反应消耗而降低的情况下,保证核燃料持续反应延长其使用寿命。通常,采用慢化比衡量慢化剂的慢化性能,慢化比(S/A)物理定义是慢化能力与吸收截面的比值:

$$\frac{S}{A} = \frac{\xi \sum s}{\sum a} \tag{1.6}$$

式中 $\xi \sum s$——材料中子慢化性能的物理量;

$\sum s$——材料的宏观散射截面;

$\sum a$——材料的宏观吸收截面;

ξ——中子平均对数能降。

氢化锆作为空间核反应堆电源的堆芯关键部件,主要是利用其中的氢慢化中子,氢化锆作为氢的载体,氢含量是决定其慢化效果的关键。表1.1为常用慢

化剂材料以及合金氢化物材料的特性总结。空间核反应堆电源要求慢化剂尽可能体积小和质量轻，H_2O 作为最常用的慢化剂材料，需要配套体积庞大的压水机，显然不适合应用于太空站。石墨虽具有高慢化比，但其慢化能力小需要增大体积才能达到理想慢化效果。铍合金慢化剂毒性且脆性大。相比而言，以氢化锆合金为代表的氢化物合金慢化剂具有中子俘获截面小、比重轻和氢含量高等特点，更适合于小型高温热反应堆系统。

表 1.1　常用慢化剂材料以及合金氢化物材料的特性总结

慢化剂	密度 /(g·cm^{-3})	平均对数能降	吸收截面 /cm^2	慢化能力 /cm^{-1}	慢化比
H_2O	1	1.5	0.022	1.5	68
石墨	1.62	0.063	0.000 37	0.065	176
铍合金	1.84	0.16	0.001 1	0.16	145
ZrH_2	5.79	1.54	0.03	1.53	51
YH_2	4.3	1.2	0.048	1.2	25
LiH	0.78	1.2	0.34	1.2	3.5
TiH_2	3.78	1.85	0.29	1.58	6.3

1.1.3　氢化锆的基本特性

锆位于第ⅣB族，属于过渡金属，具有优异的核性能，其中子俘获截面仅为 (1.18 ± 0.02) b（1 b = 10^{-28} m^2/原子），仅次于铍 0.009 b 和镁 0.06 b。锆及其合金具备高熔点、优良的高温机械拉伸强度、低热膨胀系数和优良的抗水蒸气腐蚀能力等优点，被广泛应用于热中子核反应堆包壳及燃料组件材料。表 1.2 为锆金属的物理性能和力学性能。锆在地壳中的存储含量丰富。纯金属锆为银灰色，在 862 ℃ 以下其结构为稳定的密排六方结构（α-Zr，HCP），在 862 ℃ 与熔点（(1 852±10) ℃）之间为体心立方结构（β-Zr，BCC），图 1.5 所示为锆合金不同晶型结构的示意图。锆合金是核反应堆中一种重要的结构材料，其作为核燃料包壳材料被使用时，材料腐蚀和吸氢脆化是堆内运行中面临的两个重要问题，直接关系核燃料元件的使用寿命及核电站的安全可靠性。

表 1.2　锆金属的物理性能和力学性能

名称		数据
原子序数		40
原子量		91.22
原子半径/nm		0.145 2
价电子结构		$4d^25s^2$
密度/$(kg \cdot m^{-3})$		6 250
中子俘获截面/m^2		$(0.18 \pm 0.02) \times 10^{-28}$
同素异态转变温度/℃		865
熔点/℃		$1\ 852 \pm 10$
线膨胀系数/K^{-1}		5.8×10^{-6}
弹性系数(退火棒,20 ℃)/$(kg \cdot m^{-2})$		9.82×10^{10}
布氏硬度(HB)(退火棒,20 ℃)		$64 \sim 67$
抗拉强度极限/Pa		$(2.3 \sim 2.5) \times 10^8$
屈服极限		2.1×10^8
弹性模量/Pa		9.39×10^8
泊松比		0.34
剪切模量/Pa		3.48×10^{10}
质量热容	$25 \sim 100$ ℃	276
/$(J \cdot kg^{-1} \cdot K^{-1})$	$1\ 000 \sim 1\ 500$ ℃	473
α 型密排六方晶系		$a = 0.323\ 12, c = 0.514\ 77$
β 型体心立方晶系		$a = 0.360\ 9$

　　锆是一种具有吸氢效应的金属材料,通过与氢化合形成锆的氢化物。氢化锆是一种具有锆金属晶格结构的间隙固溶体,由于晶格的约束作用,氢原子活性降低,特性介于 H 和 H^+ 之间。另外,随着原子比($n(H)/n(Zr)$)的增加,氢化锆存在 α、β、δ、ε 四种晶型结构,其晶体结构及晶格常数见表 1.3。由于晶格膨胀密度逐渐降低,氢化锆不同 $n(H)/n(Zr)$ 的密度见表 1.4。金属锆在吸氢初期可在最低温度(350 ℃左右)时形成 α-氢化锆,这种 α 相是氢在密排六方结构中的低温极限固溶体;当最低温度达 850 ℃左右时可形成 β-氢化锆,这种 β 相是氢在高温条件下,固溶于体心立方结构中的间隙固溶体。随着锆吸氢量的增加,$n(H)/n(Zr)$ 相应增大,导致晶格畸变形成新的 δ、ε 相氢化锆。其中,δ-氢化物

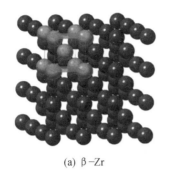

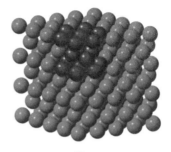

(a) β-Zr　　　　　　　　　　　　　(b) α-Zr

图 1.5　锆合金不同晶型结构的示意图

是面心立方结构,当 β 相吸氢量达到最大溶解度后会形成 δ-氢化锆。ε-氢化锆是面心正方结构,只有 $n(\mathrm{H})/n(\mathrm{Zr})>1.6$ 时在一定条件下可形成,其中 $c/a<1$ 不是真正的平衡相,而是呈带状形态的双晶型特殊结构,Zr-H 系二元相图如图 1.6所示。

表 1.3　氢化锆晶体结构及晶格常数

锆合金	$x(\mathrm{H})/\%$	晶体结构	晶格常数		温度/℃
			a/pm	c/pm	
α-Zr	$0 \sim 5.93$	HCP/Mg	323.17	514.76	25
β-Zr	$0 \sim 54.55$	BCC/W	360.95	—	865
δ-ZrH$_{2-X}$	$56.71 \sim 66.67$	FCC/CaF$_2$	478.03	—	24
ε-ZrH$_X$	>62.9	FCC/ThH$_2$	497.56	455.09	24

表 1.4　氢化锆不同 $n(\mathrm{H})/n(\mathrm{Zr})$ 的密度

$n(\mathrm{H})/n(\mathrm{Zr})$	0	1.54	1.81	1.87	1.19	1.94
密度/$(\mathrm{g \cdot cm^{-3}})$	6.49	5.66	5.62	5.61	5.59	5.64

　　在热离子核反应堆中,基于反应系统对慢化剂慢化效率的要求,氢化锆的 $n(\mathrm{H})/n(\mathrm{Zr})$ 应达到 1.75 以上。此时,由于氢原子间隙固溶于锆的晶格结构中造成晶格膨胀(体积膨胀约 16%),因此导致氢化锆的密度小于金属锆的密度(从 6.5 g·cm^{-2} 减小到 5.6 g·cm^{-2})。另外,由于过饱和氢原子的间隙固溶,锆金属吸氢后塑性严重下降。可见,氢化锆作为慢化材料应用于核反应堆,不仅要满足慢化能力的要求,还要满足其他相关力学性能和核性能的要求。表 1.5 为

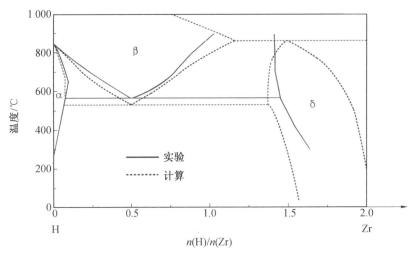

图 1.6　Zr–H 系二元相图

Zr–H 系 δ–氢化锆的力学性能,氢化锆其他核性能和基本物理性质见表 1.6。其中,对于 ZrH$_X$ 的密度(g·cm^{-3})可以按下式计算:

$$\rho_{\text{ZrH}_X} = \frac{1}{0.154\ 1 + 0.014\ 5X} \tag{1.7}$$

表 1.5　Zr–H 系 δ–氢化锆的力学性能

力学性能	温度/℃	
	20	650
弹性模量/GPa	62	41
抗拉极限强度/MPa	—	160
抗压极限强度/MPa	410	—

表 1.6　氢化锆其他核性能和基本物理性质

性能	数值	备注
密度/(g·cm^{-3})	$1/(0.154\ 1+0.145X)$	$X<1.6$
	$1/(0.154\ 1+0.004\ 2X)$	$X\geqslant1.6$
热导率/(W·m^{-1}·K^{-1})	$\alpha = 67.9/\{T+1.62\times10^{3}\times(2-X)-1.18\times10^{2}\}-1.16\times10^{-2}$	T 为热力学常数
比热容/(J·g^{-1}·℃$^{-1}$)	$7.515\times10^{-4}\times T+0.363\ 09$	$1.6\leqslant n(\text{H})/n(\text{Zr})\leqslant2.0$
摩尔热容/(J·K^{-1}·mol^{-1})	$C_p=25.02+4.746X+(3.103\times10^{-3}+2.008\times10^{-2}X)T-(1.943\times10^{5}+6.358\times10^{5}X)$	ZrH$_{1.6}$

续表 1.6

性能	数值	备注
热膨胀系数/K^{-1}	$\alpha = 5.259 \times 10^{-6} + 1.330 \times 10^{-5} X$	ZrH_X
显微硬度 HV/GPa	$7.19 - 2.77X$	$298 \sim 573$ K
中子吸收截面/cm^2	0.027 7	—

1.1.4 氢化锆作为核反应堆慢化剂存在的问题

在热离子核反应堆中,采用氢化锆慢化材料作为慢化剂。在工作温度为 $650 \sim 750$ ℃条件下,Zr-H 二元体系中氢分解压呈现不同的变化趋势。图 1.7 所示为氢化锆等容分解压同温度的关系图(1 bar = 100 kPa)。在 δ 区,Zr-H 二元体系中氢化锆的平衡氢分解压可表示为

$$\lg p = K_1 + \frac{K_2}{T} \tag{1.8}$$

式中　p——压强(bar);

　　　T——绝对温度(K);

　　　X——H/Zr 原子比;

　　　K_1——系数,$K_1 = -3.841\ 5 + 38.643\ 3X - 34.263\ 9X^2 + 9.282\ 1X^3$($X = n(H)/n(Zr)$);

　　　K_2——系数,$K_2 = -31\ 298.2 + 23\ 575.1X - 6\ 028.0X^2$。

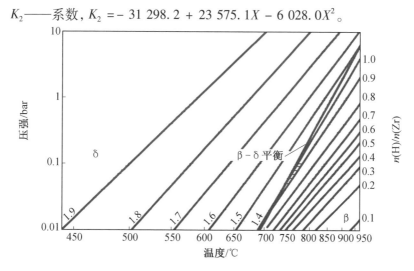

图 1.7　氢化锆等容分解压同温度的关系图

从图 1.7 中可以看出,在 700 ℃ 工作温度下 $ZrH_{1.8}$ 的分解压高达 1 bar (0.986 9大气压)以上,尤其当 $n(H)/n(Zr) > 1.8$ 时,氢化锆的分解压远高于一个大气压,促进 H–Zr 反应平衡($ZrH_X \xrightarrow{650 \sim 750\ ℃} Zr + X/2H_2$)向氢析出的方向移动,导致氢更容易从氢化锆基体中脱离、溢出,使氢化锆中 $n(H)/n(Zr)$ 减小,降低中子慢化效率。

氢化锆中氢的析出过程可总结为 5 个步骤:①氢化锆中的氢扩散至界面;②氢化物中的氢在界面处分解;③氢化锆分解产物中氢扩散;④氢从反应界面脱附形成气相;⑤脱附的氢原子结合形成氢气,如图 1.8 所示。氢化锆中氢的析出严重降低氢化锆的中子慢化效率,同时增大包壳中的压力。如何防止或减缓氢化锆慢化材料在工作温度范围内氢的析出是氢化锆应用于空间核反应堆必须解决的问题,在氢化锆表面构建高性能防氢渗透层被认为是可行有效的方法。

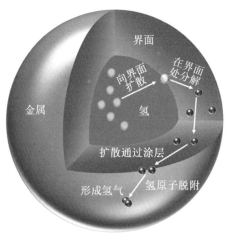

图 1.8　金属氢化物的脱氢过程示意图

以氢化锆合金脱氢反应过程为例,解决氢化锆在服役工况温度范围内分解失氢的问题有两种方案:①通过向基体中引入合金元素来提高氢化锆的热稳定性,达到降低氢化锆的氢平衡分解压的目的,通过抑制氢化物分解压达到延缓氢化锆的脱氢过程;②在氢化锆表面制备防氢渗透层,有效抑制分解氢向外表面扩散,主要通过抑制氢外扩散过程来延缓氢化锆的脱氢动力学过程。近年来,我国在该领域取得了长足进展。有研工程技术研究院有限公司采用金属有机化学气相沉积技术与原位氧化技术或磁控溅射技术开发多体系防氢渗透层,在长为 4 060 mm、直径为 70 mm 的不锈钢管内壁成功制备了均匀、致密、稳定的防氢渗透层。涂层厚度约为 450 nm,在 650 ℃ 温度下阻氢性能提高 700 多倍,耐650 ℃

至室温冷热冲击次数达 320 次,且该制备工艺简单,可实现长轴比管道内壁涂层的制备,阻氢效果良好,并广泛用于核聚变、储氢、太阳能和天然气输送等涉氢领域,在工程化应用方面取得较高的市场认可。

1.2　氢化锆表面防氢渗透层的研究现状

1.2.1　氢的渗透机制

基于表面改性技术,在氢化锆合金表面制备致密连续的防氢渗透层,如氧化物、碳化物、氮化物、碳化物和氮化物及其复合涂层,能够有效阻碍基体中氢的析出。然而,氢在基体和陶瓷层之间究竟具有何传质行为与渗透机制,明确这些理论是制备比较理想涂层的先决条件。目前,已明确提出复合涂层扩散模型、面缺陷模型和表面解析模型三种氢渗透模型,图 1.9 所示为氢原子在涂层中的渗透模型示意图。

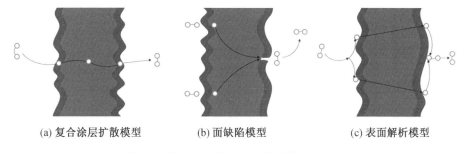

(a) 复合涂层扩散模型　　　　(b) 面缺陷模型　　　　(c) 表面解析模型

图 1.9　氢原子在涂层中的渗透模型示意图

1. 金属-陶瓷复合材料体系氢渗透模型

储氢合金表面防氢渗透层的阻氢机理及氢的析出可用金属-陶瓷复合材料体系氢渗透模型研究,氢的析出过程可分为氢在金属材料中的析出过程和在陶瓷层中的析出过程。通过研究氢在金属材料、陶瓷材料及金属-陶瓷复合材料的渗透行为,探究金属表面防氢渗透层的阻氢渗透机理。在金属基体中,氢的扩散过程包括表面吸附(物理吸附和化学吸附)、分解(即以原子形式溶解在金属中)、扩散、再结合和脱附等几个阶段。在金属表面,假设实际氢原子质量浓度 C_0 与氢压 p 处于平衡状态,氢原子质量浓度的定义由西韦特(Sievert)定律可表示为

$$C_0 = Sp^{1/2} \tag{1.9}$$

式中　S——西韦特溶解度常数,仅与温度有关。

式(1.9)表明,氢在金属及其合金中的扩散与 $p^{1/2}$ 成正比,反应出氢的溶解方式是以原子形式溶解的物理本质。通过菲克(Fick)第一扩散定律对一维扩散方程进行描述,可表示为

$$J = -D\frac{\mathrm{d}C}{\mathrm{d}x} \tag{1.10}$$

在特定温度条件下,假设 D 与 C 无关,C 是 x 的线性函数。对于表面覆盖陶瓷层厚度为 L 的金属材料,则扩散方程为

$$J_\infty = \frac{DS}{L}(p_{\mathrm{in}}^{1/2} - p_{\mathrm{out}}^{1/2}) \tag{1.11}$$

式中　p_{in} 和 p_{out}——金属入氢侧和出氢侧的氢分压。

假设 $p_{\mathrm{in}} \gg p_{\mathrm{out}}$,氢在金属基体中的渗透速率 $\phi = DS$,对下标省略处理,则扩散方程可表示为

$$J_\infty = \frac{DS}{L}p^{1/2} = \frac{\phi p^{1/2}}{L} \tag{1.12}$$

氢在陶瓷层中的扩散不同于在金属基体中的扩散,氢在陶瓷层中扩散遵循压力一次方定律。基于反应动力学理论,一次方关系表明氢在类似材料中以分子形式扩散。根据 Fick 第一扩散定律,在一维情况下稳态渗透速率可表示为

$$J_\infty = \frac{DS}{L}p = \frac{\phi p}{L} \tag{1.13}$$

氢在金属-陶瓷复合材料体系中渗透的质量浓度分布如图 1.10 所示。在金属基体中的原子扩散和在陶瓷层中的分子扩散的协同作用下,稳态渗透速率与驱动氢压的关系中幂指数 $n(J_\infty \propto p^n)$ 介于 0.5～1 之间。

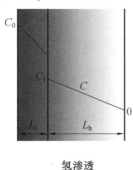

图 1.10　氢在金属-陶瓷复合材料体系中渗透的质量浓度分布

在金属–陶瓷复合材料体系中,氢扩散过程的定解问题可描述如下:

陶瓷层的泛定方程:

$$C\frac{\partial C}{\partial t}-D_f\frac{\partial^2 C}{\partial x^2}=0 \tag{1.14}$$

金属基体的泛定方程:

$$\frac{\partial C}{\partial t}-D_b\frac{\partial^2 C}{\partial x^2}=0 \tag{1.15}$$

式中 D_f 和 D_b ——氢在陶瓷层和金属基体中的扩散系数。

陶瓷层边界条件为

$$C(0,t)=C_0=S_t p \tag{1.16}$$

金属基体边界条件为

$$C(L_b,t)=0 \tag{1.17}$$

化学势相等是陶瓷层与金属基体界面良好衔接的前提,因此衔接条件可表示为

$$\frac{C_1(t)}{S_f}=\left[\frac{C_2(t)}{S_b}\right]^2 \tag{1.18}$$

此外,在陶瓷层与金属基体界面处须满足连续性条件:

$$D_f\frac{\partial C}{\partial x}\Big|_{界面}=D_b\frac{\partial C}{\partial x}\Big|_{界面} \tag{1.19}$$

初始条件为

$$C(x,0)=0 \tag{1.20}$$

因此,通过联立式(1.13)、式(1.14)和定解条件,可推导出金属–陶瓷复合材料体系中氢渗透动力学方程为

$$J(t)=\frac{J_{\infty b}}{2}\left[\sqrt{\left(\frac{k_3}{k_2}\right)^2\left(\frac{J_{\infty b}}{J_{\infty f}}\right)^2+4\frac{k_1}{k_2}}-\frac{k_3}{k_2}\frac{J_{\infty b}}{J_{\infty f}}\right]\cdot$$

$$\left\{1+2\sum_{n=1}^{\infty}(-1)^n\exp\left[-D_f\left(\frac{n\pi}{L_f}\right)^2 t\right]\right\} \tag{1.21}$$

当氢渗透过程达到稳态时,k_1、k_2、k_3 都趋于 1,复合涂层体系的稳态渗透速率为

$$J_{\infty}=J(t\to 1)=\frac{J_{\infty}}{2}\left[\sqrt{\left(\frac{J_{\infty b}}{J_{\infty f}}\right)^2+4}-\frac{J_{\infty b}}{J_{\infty f}}\right] \tag{1.22}$$

讨论两种简化情况:① 对于单一金属,$L_f \to 0$,$J_{\infty b} = J_{\infty f} \ll 1$,因此 $J_\infty = J_{\infty b} = \dfrac{D_b S_b p^{1/2}}{L_b}$,这与式(1.12)一致;② 对于陶瓷层,其相对于金属基体较厚,此时氢在基体的扩散可忽略,使 $J_{\infty b}/J_{\infty f} \gg 1$,则有 $J_\infty = J_{\infty f} = \dfrac{D_f S_t p}{L_f}$,这与式(1.13)一致。其中,$J_{\infty f}$ 和 $J_{\infty b}$ 相当于氢在陶瓷层和金属基体中的稳态渗透速率。因此,k_1、k_2、k_3 可表示为

$$k_1 = 1 + 2\sum_{n=1}^{\infty}(-1)^n \exp\left[-D_f\left(\frac{n\pi}{L_f}\right)^2 t\right] \tag{1.23}$$

$$k_2 = 1 + 2\sum_{n=1}^{\infty}\exp\left[-D_f\left(\frac{n\pi}{L_f}\right)^2 t\right] \tag{1.24}$$

$$k_3 = 1 + 2\sum_{n=1}^{\infty}(-1)^n \exp\left[-D_b\left(\frac{n\pi}{L_b}\right)^2 t\right] \tag{1.25}$$

由 $J_\infty = J_{\infty f} = \dfrac{D_f S_t p}{L_f}$ 可知,降低或减缓氢的渗透本质是减小 $J_{\infty f}$,因此,在氢化锆表面制备较厚且具有较小扩散系数 D_f 的防氢渗透层是降低氢渗透的有效途径,即扩散系数小且厚度较厚的涂层具有良好的阻氢渗透性能。

2. 面缺陷模型

面缺陷模型是基于一定假设条件下建立的,假设氢及其同位素完全不能渗透涂层,这种情况下氢扩散只能通过涂层局部面缺陷进行。面缺陷模型条件下氢的扩散主要受涂层缺陷的数量、大小和分布等缺陷特征影响,扩散主要通过基材的少数位置控制。因此,在面缺陷模型中氢的渗透通量可表示为

$$J = \frac{\phi_m A_d}{d_{off}} p^{\frac{1}{2}} \tag{1.26}$$

式中　　d_{off}——有效厚度;

　　　　A_d——有效面积。

3. 表面解析模型

表面解析模型又称表面限模型,氢的渗透主要受氢析出表面复合过程以及其他表面效应的控制。此扩散模型并不是以扩散速率为限制环节,对氢的渗透机制的研究主要通过考察氢渗透前后涂层的成分以及微观结构的变化来判断。

1.2.2　防氢渗透层的选择

1.防氢渗透层材料的概述

在核反应堆设计中,为了避免核燃料的损失、中子泄漏和减少裂变过程中对环境造成的污染,要求慢化和防护材料具有较低的氢渗透速率、良好的热稳定性和较小的中子俘获截面等核性能。为进一步保证其安全性和延长使用寿命,需要在其表面制备氧化物或碳化物涂层材料以阻止或减缓氢的析出。在核反应堆慢化构件表面制备防氢渗透层是阻止或减缓慢化材料中氢析出的有效可行措施。目前,应用于金属材料表面防氢渗透层的材料主要包括碳化物、氮化物、氧化物、碳化物和氮化物及其复合材料等,如 $FeAl/Al_2O_3$、Al_2O_3、Er_2O_3、Y_2O_3、Cr_2O_3、TiC、TiN、SiC 及 ZrO_2 等。相比而言,氧化物的阻氢渗透速率较金属的阻氢渗透速率高数个数量级。另外,氧化物具有优越的高温抗氧化性和低的热传导率等性能且与基体具有较接近的热膨胀系数。因此,氧化物在防氢渗透层领域具有可观的应用前景。目前,氧化物膜、氮化物膜和碳化物材料涂层均具有理想的阻氢渗透性能,并已在不锈钢基体阻氢渗透方面进行全面深入的研究。

以上三种陶瓷层的阻氢机制可归纳为化合物阻氢,化合物中的 C、N、O 等元素对氢的捕获,以及 P-N 结型正负离子的扩散阻塞。化合物阻氢是指陶瓷层中金属原子与间隙原子通过形成化学键达到阻止氢逸出的目的;化合物中的间隙元素对氢的捕获主要是利用陶瓷层中的 C、N、O 等间隙原子通过捕获氢原子形成 C—H、N—H、O—H 等化学键达到阻止氢析出的目的;P-N 结抑制氢的原理是基于双陶瓷层具有不同的空间电荷,通过形成 P-N 结抑制氢正负离子的扩散。

2.氧化物防氢渗透层材料

氢在金属晶体中的扩散主要表现为间隙扩散和离子扩散两种机制,在不同扩散机制中氢的扩散需要克服不同的能量势垒,本节对典型的扩散理论进行介绍。

(1)间隙扩散理论。

氢在晶体材料中的扩散过程主要依靠间隙式扩散方式,氢的扩散行为主要受扩散驱动力和扩散阻力的控制。其中,扩散驱动力主要为晶体中的化学势梯度,包括应力梯度、物质浓度梯度和温度梯度等;氢在间隙扩散的过程中,激活能是制约其迁移到邻近间隙空位的最大势能阻力。材料中应力梯度的形成主要表述,如点缺陷(如空位、杂质原子等)、线缺陷(如位错)、面缺陷(如晶界、相界)以及体缺陷(如微空洞、微裂纹、微气泡、空位团等),都会使晶体微观尺度内产生应力场。氢在扩散的过程中受到由缺陷引起的应变场的牵制,扩散激活能增高,氢原子扩散到应力场区域由于迁移受阻而富集,因此形成捕获氢原子的物理陷阱。此外,金属晶体结构中同样存在氢扩散陷阱,主要由元素的不均匀性分布引起。例如,在由 Zr-O 二元体系构成的氧化锆晶体中,当 O 元素相对含量较低时会与 Zr 组合形成单斜结构的氧化陶瓷层,由于 Zr—O 平均距离为 0.05 ~ 0.09 nm,而氢原子的直径约为 0.105 nm,形成氢扩散陷阱,因此氢原子要从 Zr—O 间通过必须克服一定的应力,从而达到阻止氢析出的目的。

(2)离子扩散理论。

氢在氧化物陶瓷层中的扩散方式主要通过离子扩散。研究表明,在一定温度下 H_2 解离后被基体晶格中的 O^{2-} 吸附以 O—H 化学键形式形成 OH^-。因此,部分 H 由于 O—H 化学键作用而滞留于氧化膜中,随着氧化膜中氢含量的增加,O—H 基团将分解为 H^+ 和 O^{2-},其中 H^+ 将继续迁移与另一 O^{2-} 结合形成 O—H 基团,直到迁移至表面解吸为 H_2。可见,由于 O—H 基团对氢迁移的牵制作用,被牵制的氢占据晶格位置而对氢的继续扩散起到阻碍作用。

基于上述理论分析,金属氧化物陶瓷层理论上具有良好的阻氢效果。

3. 金属氧化物具有保护性的条件

Pilling 和 Bedworth 提出,金属表面氧化膜的完整性是氧化膜能有效保护金属的必要条件,氧化膜完整性的必要条件是金属表面原位氧化形成的氧化膜体积(V_{OX})必须大于生成氧化膜消耗的金属体积(V_M),可表示为

$$V_{OX}/V_M > 1 \tag{1.27}$$

此比值被称为 PBR(Pilling-Bedworth Ratio)值,即

$$PBR = \frac{V_{OX}}{V_M} = \frac{M\rho_M}{m\rho_{OX}} > 1 \tag{1.28}$$

式中 M——金属氧化物的分子量;

$\quad\quad m$——形成氧化膜金属的质量,$m = nA$,A 为金属的原子量;

$\quad\quad \rho_M$ 和 ρ_{OX}——金属及其氧化物的密度。

基于上述理论,在氢化锆表面生成具有保护性的氧化膜应具备以下条件。

(1)金属表面氧化膜应具备较好的致密性且连续均匀地覆盖金属整个表面,此外氧化膜与金属应具有良好的结合力。

(2)在金属表面形成的氧化膜体积(V_{OX})大于生成氧化膜消耗的金属体积

(V_M)，即 PBR>1。

（3）氧化物除具备高熔点外，在介质中应具备优越的高温稳定性和抗腐蚀性。

（4）金属表面氧化物须与金属基体具有相近的热膨胀系数，降低氧化膜内应力。

4. 金属基体表面氧化物中的热应力

在热离子核反应堆中应用需要满足氢化锆慢化材料表面防氢渗透层与金属基体结合良好致密连续，应避免防氢渗透层存在裂纹、局部脱落等缺陷。在原位制备防氢渗透层过程中，陶瓷层内应力状态及陶瓷层/金属基体界面不断发生变化。因此，陶瓷层在形成的过程中存在复杂的应力分布，应力是导致陶瓷层开裂甚至局部脱落的主导因素。因此，探究陶瓷层生长过程中的应力分布和应力来源，能为有效防止真空放氢过程中陶瓷层开裂及脱落行为的研究提供理论指导，如何控制防氢渗透层应力分布的研究对制备优异防氢渗透层具有重要的指导意义。陶瓷层中主要存在生长应力和热应力两种应力，陶瓷层在生长时产生的应力为生长应力；由于金属基体与氧化物热膨胀系数不同，在温度变化时产生的应力为热应力。诱发生长应力的因素主要来自以下几方面。

（1）在金属表面形成的氧化膜体积(V_{OX})小于生成氧化膜消耗的金属体积(V_M)，即 PBR<1。

（2）金属基体表面氧化物在形成过程中的取向生长方式。

（3）氧化物陶瓷层物相结构或成分的变化。

（4）陶瓷层内晶格畸变或缺陷等。

（5）金属基体表面集合形状发生变化。

对于各向同性氧化物陶瓷层，由 PRB 引起的生长应力最重要，其体积应变为

$$\varepsilon_V = 1 - \phi^{1/3} \qquad (1.29)$$

式中 ϕ——PBR 值。

考虑由于陶瓷层中应力的释放，陶瓷层的体积应变为

$$\varepsilon = \omega(1 - \phi^{1/3}) \qquad (1.30)$$

式中 ω——仅与材料塑性相关的常数。

当 PBR>1 时，常数 ε<1，陶瓷层受力情况表现为压应力。在涂层生长初期，陶瓷层生长表现出明显的择优取向，导致晶格畸变产生应力，由取向生长诱发的陶瓷层内应力可表示为

$$\sigma_{OX} = E_{OX}\frac{\Delta\alpha}{\alpha} \tag{1.31}$$

式中　α 和 E_{OX}——氧化物晶格参数和弹性模量；

$\Delta\alpha$——氧化物择优取向引起的晶格常数变化量。

可见，当 $\Delta\alpha>0$ 时，氧化物体积增大，因此 $\sigma_{OX}>0$ 陶瓷层内产生压应力；相反，当氧化物体积减小时，陶瓷层内产生拉应力。通常，氢化锆表面原位氧化或微弧氧化（Micro-arc Oxidition，MAO）制备陶瓷层的相组成为单斜相（monoclinic）氧化锆（m-ZrO₂）、四方相氧化锆（t-ZrO₂）和立方相氧化锆（c-ZrO₂）的混合相氧化锆。由于各种相结构的体积比不同，因此在相变过程中将引起陶瓷层体积变化。此外，当材料内部温度变化时晶粒结晶取向各异，从而陶瓷层内晶粒膨胀方向各异，最终导致陶瓷层内产生应力。氢化锆基体与陶瓷层之间应力的产生主要由金属基体与氧化物的膨胀系数不同引起，氢化锆基体和陶瓷层之间应力的产生及其分布状态如图 1.11 所示。

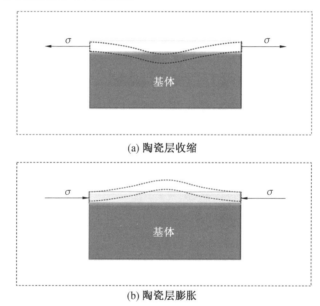

(a) 陶瓷层收缩

(b) 陶瓷层膨胀

图 1.11　氢化锆基体和陶瓷层之间应力的产生及其分布状态

由于在交流脉冲电源模式下微弧放电过程中每个弧点存在的时间极短，仅为 $10^{-6}\sim10^{-8}$ s，对试验尺寸几乎无影响，因此假设基体尺寸在微弧氧化过程中保持不变，陶瓷层与金属基体表面应力为平面应力状态。基于以上条件，氧化物陶瓷层内应力可简化表示为

$$\sigma_{OX} = E_{OX}(\alpha_M - \alpha_{OX})\Delta T \qquad (1.32)$$

式中 $\quad \alpha_M$ 和 α_{OX}——金属基体和氧化物陶瓷层的线膨胀系数;

$\quad\quad \Delta T$——过冷度,即 $\Delta T = T - T_0 < 0$。

由于大多数金属的线膨胀系数大于氧化物的线膨胀系数,即 $\alpha_M - \alpha_{OX} > 0$,可见,在过冷条件下氧化物陶瓷层内受到压应力,而压应力一定程度上能够松弛材料内部的应力集中,当内部压应力过大时将导致涂层向上隆起,甚至使涂层与基体分层脱落,如图 1.11(b)所示;相反,当 $\Delta T > 0$ 时,在升温状态下氧化物陶瓷层内受到拉应力,拉应力将加剧材料内应力集中导致陶瓷层开裂,促进陶瓷层裂纹源的萌生及裂纹扩展。基于以上分析,金属基体表面微弧氧化陶瓷层开裂及脱落等主要归因于冷却速度以及金属基体与陶瓷层线膨胀系数不匹配,因此尽量选择热膨胀系数与金属基体相近的氧化物作为其表面防护涂层材料,是保证其界面结合力、涂层完整性和防护性能的先决条件。

1.2.3 防氢渗透层的制备技术

为保证核反应堆的服役寿命和工作效率,必须解决慢化材料中氢析出和防护材料的吸氢问题,防氢渗透层的制备是解决氢析出及氢渗透的必要措施。金属表面涂层阻氢性能除与涂层材料的基本性能(如核性能、热稳定性等)相关外,涂层完整性、厚度、致密性、与基体的结合力等对其阻氢性能尤为重要,通过优化制备技术能够有效控制涂层的上述特性。表面处理主要通过两种技术途径来改变材料的表面性能:第一种是在基体表面制备镀覆层,包括电镀、化学镀、转化膜技术、化学气相沉积法(Chemical Vapor Deposition,CVD)、物理气相沉积法(Physical Vapor Deposition,PVD)、真空等离子喷涂(Vacuum Plasma Spraying,VPS)和热浸铝法(Hot-Dip Aluminizing,HDA)等;第二种是表面改性技术,如表面热处理、化学热处理和高能束表面处理等。目前,用于制备防氢渗透层的表面防护技术主要有表面原位氧化技术、溶胶-凝胶技术、电镀技术和包埋法(Pack Cementation,PC)等。

1. 表面原位氧化技术

通过控制氧化气氛中的氧分压和氧化温度,在材料表面形成致密、稳定的氧化物陶瓷层,该技术主要通过对金属基体进行不同气氛高温氧化实现。通常,在 O_2、CO_2、H_2O 蒸汽和 CO_2+P 等气氛中、$350 \sim 600$ ℃氧化条件下,在基体表面实现金属氧化物陶瓷层制备,表面原位氧化技术主要通过气固反应在基体表面直接生成氧化物陶瓷层,是一种简捷有效的方法。西华大学、中国原子能科学研究院及中国有研科技集团有限公司等对氢化锆表面氧化行为开展大量研究。研究表明,以 O_2 为反应体系气氛,随着反应温度的升高,氧化物陶瓷层质量逐渐增大;在基体表面制得厚度为 $50 \sim 60$ μm 的氧化物陶瓷层,相组成为四方相和单斜相,其中以单斜相结构的氧化锆为主;氧化物陶瓷层中含有 Zr、O、C 等元素和 O—H 键,氧化物陶瓷层中氧空位能有效抑制氢的析出,因此具有优越的阻氢性能。

2. 溶胶–凝胶技术

溶胶–凝胶技术制备陶瓷层是以金属醇盐或无机物为前驱体配制溶胶,可以在金属、陶瓷和玻璃等基体材料表面进行浸渍涂膜,然后经过高温热处理在基体表面制备出晶态氧化物涂层。通过该技术可制备厚度均匀、多组分化合物陶瓷层;溶胶–凝胶技术对构件形状有较强的适应性,尤其适用于带有槽、沟、孔和盲孔的构件。姚振宇等在 316ss 不锈钢基材上通过溶胶–凝胶技术制备 Er_2O_3 陶瓷层。研究表明,在基体表面涂覆凝胶后经 973 K 恒温热处理,获得结晶良好的 Er_2O_3 陶瓷层,其渗透速率较未覆凝胶涂层的渗透速率降低 $1 \sim 2$ 数量级。Zakorchemna 等通过溶胶–凝胶技术在预镀铁涂层表面开展防氢渗透层的制备与性能研究,以 $Si(OCH_3)_4$(TMOS)及 $Zr(OC_4H_9)_4$(ZTB)为前驱体,在其表面成功制备SiO_2–ZrO_2 无机复合涂层,可有效抑制氢同位素在基体中的扩散渗透行为。

3. 电镀技术

电镀技术是利用电解原理使金属阳离子沉积在固体表面,获得金属沉积层的一种表面处理技术。在含有预镀金属的盐类溶液中,以被镀基体金属为阴极,通过电解作用,使镀液中预镀金属的阳离子在金属基体表面沉积,形成镀层的一种表面加工方法。电镀技术制备合金涂层具有优越的延展性、耐腐蚀性等特征;电镀工艺具有设备简单、易于操作、涂层厚度和成分容易调整控制等特点。Zhao 等采用电镀技术在氢化锆表面制得 Cr–C 合金涂层。研究表明,Cr–C 合金涂层致密连续且与基体有较高的结合力;700 ℃保温处理 144 h 后,没有发现涂层与基体脱落现象,氢化锆基体结构没有发生变化,可见 Cr–C 合金涂层在不影响氢化锆的前提下能有效阻止氢的析出。然而,由于电镀工艺中需要使用大量重金属和化学工艺,涉及强酸、强碱、氰化物等,电镀行业被称为全球三大污染行业之一,对水体的污染较为严重。

4. 包埋法

包埋法是将高温热处理的金属基体包埋于固体粉末材料中,在热处理条件下使固体粉末材料扩散渗透于金属,在金属基体表面制备硬质涂层的技术。包埋法工艺简单,所制备涂层与金属基体之间存在组织、孔隙和成分等方面的梯度过渡。因此,可在一定程度上降低由于涂层与金属基体因热膨胀失配而产生的应力,从而提高涂层与金属基体的结合强度。基于此,采用过渡层与耐高温涂层复合的方式能有效解决涂层材料和复合材料热膨胀系数不匹配的问题。Yang 等通过包埋法在 316L 表面成功制备厚度为 15 ~ 25 μm 的铁铝合金涂层,涂层与基体结合力较强,在恒定压力及温度下,其阻氢渗透能力可提高 3 ~ 4 数量级,有效降低了氢及其同位素渗透。此外,Zhan 等在 CLAM 钢表面使用包埋法在 1 023 K 下包埋渗铝 12 h 获得厚度为 300 ~ 400 nm 的涂层,涂层与基体间结合紧密、无裂纹,以该涂层为过渡层再进行原位氧化。研究结果表明,包埋渗铝的制备能为 Al_2O_3 的生长提供有利条件,通过该复合工艺制备的 Al_2O_3 涂层能有效解决氢及其同位素的渗透问题。

1.2.4 防氢渗透层的阻氢渗透性能评价

氢化锆表面防氢渗透层的阻氢渗透性能测试方法可归纳为以下三类。

(1)真空脱氢–失重法。氢化锆中氢含量标定采用称重法,即模拟服役条件下测量高温脱氢前后氢化锆的质量,该方法是评价防氢渗透层阻氢性能的有效方法。

(2)定氢仪法。直接测试表面带涂层的氢化锆高温热处理前后的氢质量分数变化,该方法的原理是将氢化物中的氢完全燃烧转换成水,通过称量水的质量从而获得氢质量分数,目前我国针对定氢仪法已建立行业标准“YS/T 1549—2022《氢化锆》”,并已经实现了商业化应用,是现存氢测量的可靠性评定方法。

(3)气相色谱法。气相色谱法在线检测氢化锆防氢渗透层释放出的氢,计算不同时间段内防氢渗透层的氢渗透速率,进而表征氢损失,该方法适合应用于氢化锆中氢渗透的无损检测,其设备和操作相对简单,但需要对其可靠性进行验证。

1.3　微弧氧化技术概述

1.3.1　微弧氧化技术的特点

氢化锆慢化材料表面防氢渗透层的制备主要有以下几方面要求。

(1)防氢渗透层制备不能对氢化锆基体中的氢造成损失。

(2)防氢渗透层制备后必须保证慢化构件的尺寸精度。

(3)制备工艺具有很强的形状结构适应性。

(4)能够原位生成锆的氧化物陶瓷层。

微弧氧化又称为等离子微弧氧化(Plasma Micro Ar Oxidation, PMAO)、微等离子体氧化(Micro Plasma Oxidation, MPO)和等离子体增强电化学表面陶瓷化(Plasma Enhance Electro-chemical Surface Ceramic-Coating, PECC)。国外最先称之为等离子体电解氧化(Plasma Electrolyte Oxidation, PEO)、微弧放电氧化(Micro-arc Discharge Oxidation, MDO)、阳极火花沉积(Anodic Spark Deposition, ASD)、火花放电阳极氧化(Anodischen Oxydation Unter-funkenentladung, ANOF)、火花阳极化工艺(Spark Anodization Process, SAP)等。微弧氧化过程包括电化学反应和等离子体化学反应,其原理是将 Ti、Mg、Al 等贵金属及其合金置于脉冲电场环境的电解液中,采用较高电压使工作区引入到高压放电区,使其表面因受端电压作用发生微弧放电,在其表面发生化学、电化学、等离子体化学和物理化学等反应生成陶瓷结构特征的氧化层。

微弧氧化技术是基于普通阳极氧化发展的一种较新的表面处理技术,广泛应用于贵金属及其合金。通过调节电解液组分和电参数控制基体表面火花击穿行为,获得不同成分和厚度的陶瓷层,从而实现对陶瓷层物理特性和化学特性的改善。由此可见,微弧氧化陶瓷层的生长仅依赖于金属基体原子向陶瓷层迁移并与活化阳离子结合形成氧化物陶瓷层,其生长过程不需要消耗电解液中的溶质元素。微弧氧化技术具有工艺简单、清洁无污染、陶瓷层均匀质硬和材料适应性宽等优势。生产过程无废水、废气产生,符合绿色可持续发展的“双碳”战略目标。自 2000 年开始,微弧氧化技术逐渐受到研究者的重视,微弧氧化技术已被用于海洋、航空航天、汽车、医疗及电子等领域,通过 Web of Science 数据库调研的微弧氧化领域发表 SCI 学术论文的统计分析如图 1.12 所示。微弧氧化工艺特点主要体现在以下几个方面。

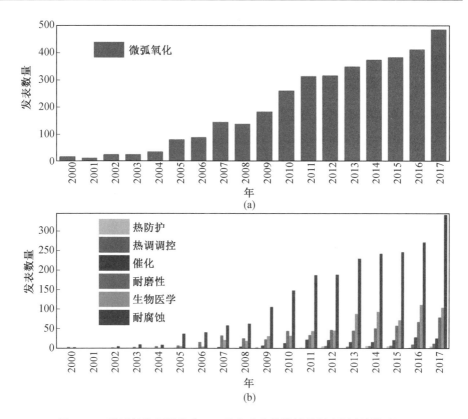

图 1.12　微弧氧化领域发表 SCI 学术论文的统计分析(彩图见附录)

(1)MAO 技术制备陶瓷层厚度易于控制,样品预处理工艺简单,可操作性强,最大厚度可达 $200 \sim 300 \mu m$。

(2)MAO 工艺对工件形状结构适应性强,能够在结构复杂的工件内外表面生成厚度均匀、连续的陶瓷层,MAO 技术具有较广的适用范围。

(3)MAO 工艺简单,对部件预处理要求较低,不需要真空、低温条件及气氛保护等,无三废排放,因此对环境污染较小。

(4)MAO 采用双向脉冲电源,处理工艺对基体材料热输入小,基本不会影响材料原有力学性能及核性能等性能指标。

(5)MAO 所制备的陶瓷层能赋予基体材料良好的韧性、硬度、耐腐蚀性及耐磨性等力学性能,还能赋予其他一些功能材料的特性,如优良的电绝缘性、热障效应、生物医学性能及磁电屏蔽能力等。

微弧氧化工艺除具有以上特点外,其所制备的陶瓷层还具备以下特性。

(1)在不同电解液体系,通过调整电解液组分可制备出具有防细菌、光催化或与生物相兼容等功能的 MAO 陶瓷层。

（2）MAO 工艺最高温度高达 2 000～3 000 K，因此会发生高温相变，使陶瓷层具有高的硬度、耐磨性及致密性等。此外，陶瓷层与基体具有较高的结合力。MAO 陶瓷层具有高热稳定性和低热导率，因此具有优良的高温抗氧化性能。

（3）MAO 陶瓷层是在金属基体上原位生成，因此陶瓷层与基体之间不存在过高显微硬度的金属过渡层，基体材料不会由于静强度的增加而失去塑性，不会因为陶瓷层与基体界面的小循环疲劳而被破坏。

综上所述，利用微弧氧化技术在金属基体材料表面原位生成陶瓷层，可显著增强耐磨性、耐腐性、生物相容性及其他特种防护等表面性能，在机械装备、海洋工程、航空航天、电子和化工等领域具有广泛的应用前景。

1.3.2 微弧氧化技术的原理

"电子雪崩"理论是最早提出的微弧氧化机理基础模型，主要阐述火花放电和析氧过程同时进行，"电子雪崩"是析氧行为的直接原因。氧化陶瓷层中杂质间的氧化还原及其他相中的隧道效应注入均会使氧化膜中存在少量电子和空穴。当电子和空穴等载流子通过热传递或电场加速获得高动能时，与离子碰撞会再次把离子键的电子激发出来形成自由电子，碰撞电离产生的电子继续与其他离子碰撞导致载流子雪崩倍增，由雪崩产生的电子呈指数增加，当电子在强电场作用下注入氧化膜时，在电子的作用下使靠近电解液界面的氧化膜电离产生等离子体放电。等离子体放电优先在陶瓷层薄弱部位发生，从而有效保证厚度均匀陶瓷层的生成。1977 年，Ikonopisov 对电子注入氧化膜产生火花放电现象的机理进行解释，首次提出肖特基（Schottky）电子隧道效应机理，陶瓷层的击穿电压 U_c 与溶液的电导率及温度之间的关系可表达为

$$U_c = a_c + b_c \lg \rho_c = \alpha_c + \beta_c / T \tag{1.33}$$

式中 U_c——陶瓷层击穿电压（V），主要取决于基体金属物理性质；

ρ_c——溶液的电导率（$\Omega \cdot m^{-2}$）；

a_c 和 b_c——与金属基体有关的参数；

T——电解液温度（℃）；

α_c 和 β_c——仅与电解液相关的参数。

1984 年 Albellap 提出了杂质放电中心理论，该理论认为电解质粒子在强电场作用下进入氧化膜形成杂质放电中心，高压放电发生等离子体反应并释放高

能热量;电解质中氧等负离子在电场的作用下与金属基体阳离子结合发生反应,在基体表面熔融、烧结,在电解液低温条件下形成具有多晶形结构的陶瓷层。Albellap 再次提出击穿电压 U_c 与电解质质量浓度的关系对式(1.33)进行完善:

$$U_c = \cfrac{E}{a\left(\ln\cfrac{Z}{a\eta} - b\ln C\right)} \tag{1.34}$$

式中　U_c——陶瓷层击穿电压(V);

　　　E——电场强度(V·m^{-1});

　　　a 和 b——常数;

　　　Z 和 η——系数,其中 $Z > 0$, $\eta < 1$;

　　　C——电解质质量浓度(g·L^{-1})。

　　MAO 陶瓷层厚度最终取决于击穿电压,其关系为

$$d = d_i \exp[K(U - U_c)] \tag{1.35}$$

式中　d——陶瓷层厚度(μm);

　　　d_i 和 K——与基体材料相关的常数;

　　　U——最终成膜电压(V);

　　　U_c——陶瓷层击穿电压(V)。

　　微弧氧化是将火花放电区域由普通阳极氧化的法拉第区域引到高电压区域,与普通阳极氧化相比,微弧氧化制备的陶瓷层均匀连续、空隙的相对面积比例较小且具有较低的孔隙率。Krysman 提出火花沉积过程模型,认为微弧氧化技术之所以能够在形状复杂且有空心的部件上制备出均匀的陶瓷层,主要是由于阳极表面附近类阴极(电解液/气体界面)的形成,从而使极化均匀。基于陶瓷层生长动力学理论,提出阳极氧化面积和所需电量成正比,随着微弧氧化时间的延长,陶瓷层厚度增加;恒流模式下,随着陶瓷层厚度的增加氧化电压增加,由此可以导出以下定量关系:

$$\frac{U_0 - 40}{100} = \lg\frac{It}{A} \tag{1.36}$$

式中　U_0——氧化电压;

　　　I——氧化电流;

　　　t——微弧氧化时间;

　　　A——阳极面积。

　　微弧氧化陶瓷层的厚度与氧化电压的关系可表示为

$$d = -\frac{\dfrac{U_0-40}{100}-0.62}{0.0625} \qquad (1.37)$$

式中　d——陶瓷层厚度（μm）。

从式(1.37)可以看出,微弧氧化陶瓷层厚度只取决于氧化电压,控制微弧氧化电压能有效控制陶瓷层厚度,从而通过控制正负向电压在氢化锆表面获得优异阻氢性能的陶瓷层。

1.3.3　微弧氧化过程及其调控

1.微弧氧化过程特征

微弧氧化过程大致可以分为阳极氧化阶段、火花放电阶段、微弧氧化阶段和弧光放电阶段。

(1)阳极氧化阶段。

在阳极氧化阶段,以铝合金为例,将试样置于电解液中,若采用交流电源,当负半波加载时,试样为阴极,合金表面失去电子放电,金属铝失去电子成为三价铝离子,发生氧化反应;当正半波加载时,试样为阳极,电解液中带负电的阴离子迁移到阳极表面,由于电解液中阴离子含有氧,则氧与铝结合生成氧化物,此时试样表面生成一层很薄无定形的氧化膜,合金表面金属光泽消失。随着电压升高,陶瓷层生长速度不断加快,但氧化膜的溶解速度也逐渐加快,甚至有时会使部分基体溶解,所以应尽量缩短阳极氧化阶段。

(2)火花放电阶段。

当电极间电压达到击穿电压时,试样表面陶瓷层某些部位被击穿,发生火花放电现象,浸在溶液中的试样表面开始出现无数的火花,火花细小、亮度较低且均匀分布于整个试样表面,这一阶段属于火花放电阶段。在此阶段,试样表面形成的陶瓷层厚度较小,陶瓷层主要由无定形的氧化物组成。火花放电阶段后进入微弧氧化阶段,随着电压继续增加,阳极氧化绝缘层的薄弱部位被击穿,发生等离子体放电现象,浸在溶液里的试样表面开始出现无数个游动的弧点或火花,火花逐渐变大、变亮且密度增加,同时伴有强烈的爆鸣声。随着时间的延长,火花在试样表面的分布逐渐均匀,此时即进入微弧氧化阶段。

(3)微弧氧化阶段。

试样表面每个弧点存在时间很短,但等离子体放电微区瞬间温度可以超过

2 000 ℃,在此高温烧结的作用下使氧化膜中的无定形氧化物转变成晶态相,如铝合金表面微弧氧化膜主要由 α-Al₂O₃、γ-Al₂O₃ 相组成。由于放电击穿过程总是在陶瓷层比较薄弱的地方进行,经等离子体化学和热化学的作用,放电通道被烧结填补,这种烧结填补以熄弧放电为自身的终止时刻,被填补后的放电通道电绝缘性能提高,一处放电的停止,必然会引起陶瓷层其他薄弱部位的击穿放电。如此循环往复,在宏观上表现为等离子体放电火花沿着试样表面迅速扫描。随着氧化时间的延长氧化陶瓷层的内侧逐渐变得致密,陶瓷层在试样表面的分布也趋向均匀。微弧氧化阶段是在基体表面形成陶瓷层的主要阶段,对氧化膜的最终厚度、陶瓷层表面质量和性能都起到决定性作用。

(4)弧光放电阶段。

随着时间的延长,如不继续升高电压,试样表面的弧点数量会越来越少并最终消失,微弧氧化过程也随之结束。但随着时间的推移,若不断增加电压,试样表面局部一个或几个部位会出现较大光亮刺眼的弧光,并且这些弧光不断向陶瓷层深层移动,弧光在试样表面存在时间较长,同时产生大量气体,该阶段称为弧光放电阶段。试样表面发生弧光放电时,容易破坏已形成的氧化膜,使陶瓷层表面疏松多孔,粗糙度增加。因此弧光放电阶段对于氧化膜的形成尤为不利,在实际操作中应尽量避免该现象的发生。

2. 微弧氧化过程调控

基于上述微弧氧化过程分析,其影响因素可概括为以下几方面。

(1)氧化电压。

氧化电压较低时生成的氧化膜厚度较薄,硬度也较低,并且陶瓷层表面孔洞数量较多,但孔径尺寸较小;反之,如果氧化电压过高,陶瓷层生长速率较快,但陶瓷层表面孔径尺寸大,粗糙度增加,并且高电压对陶瓷层破坏作用较严重,易出现陶瓷层击穿过度,使最终形成的陶瓷层较为疏松,致密层下降,对陶瓷层的耐蚀性不利。

(2)电流密度。

电流密度越大,氧化膜的生长速度越快,氧化膜的厚度随着电流密度的增加而增厚,在某一电流密度下达到极大值;但电流过大易破坏陶瓷层,使得氧化膜表面粗糙度增加,甚至出现剥落及脱离现象。电流密度过低,随着氧化时间的延长,陶瓷层疏松,硬度降低。此外,电流密度过大导致反应加剧,在此情况下,微弧氧化反应过程中的热应力将大幅增加,当热应力大于氧化膜的应力极限时,会在陶瓷层表面产生较大的微裂纹。正是由于试样表面存在大量微裂纹,陶瓷层的抗点蚀性能大幅降低。因此,试样过程中应选择合适的电流密度。

(3)电源脉冲频率。

电源脉冲频率较高时,氧化膜的生长速度增加,但陶瓷层厚度较薄。高频时组织中非晶态相的比例远远高于低频时组织中非晶态相的比例;高频下孔径小且分布均匀,整个表面比较平整、致密;电源脉冲频率较低时获得的陶瓷层内部微孔孔隙大且深,试样极易被烧损。

(4)电解液组成。

微弧氧化膜的生长速度、表面粗糙度、硬度和电绝缘性等均受不同溶液体系的影响。在微弧氧化电解液中添加不同的物质,对微弧氧化的过程会有不同作用。为了达到不同目的,研究者通常在微弧氧化电解液中加入以下成分。

① 吸附组分。

研究结果表明,氧原子比高的酸根离子更容易吸附到铝合金基体或陶瓷层的表面,形成外来杂质放电中心,产生等离子体放电,使氧离子、电解质离子与铝基体强烈结合,同时放出大量热,使形成的氧化陶瓷层在表面熔融、烧结,形成具有陶瓷结构的陶瓷层。其中,吸附成分有磷酸盐、硅酸盐、碳酸盐和氢氧化钠等。

② 调整组分。

调整组分可分为陶瓷层性能调整组分和生成速度调整组分。根据研究,硅酸盐可以调整陶瓷层的硬度、耐磨性和均匀性,而 WO_4^{2-}、PO_4^{3-} 等可以调整陶瓷层的生长速度,并可制成性能各异的陶瓷层。此外,配位化合物通过阻止有害杂质的吸附和填充来调整陶瓷层的生长速度。

与阳极氧化不同,微弧氧化一般使用包含硅酸盐、铝酸盐的碱性溶液,硅酸根、铝酸根离子通过电极过程沉积在阳极表面,沉积的阴离子在放电通道口附近参与陶瓷层的形成,陶瓷层一般由基体材料的氧化物和电解液的成分构成。陶瓷层对微弧氧化处理液中的离子吸附时有选择性。研究表明,陶瓷层对 SiO_3^{2-} 吸附性最强,SiO_3^{2-} 在铝的阳极氧化中具有很强的界面吸附能力和结合成膜能力,易于进入放电通道参与陶瓷层生长过程,因此目前的微弧氧化电解液多采用硅酸盐体系。在碱性电解液中,阳极反应生成的金属离子和溶液中的部分阳离子结合,很容易转变成带负电荷的胶体粒子而重新进入陶瓷层,调整和改变陶瓷层的微结构,使它具有新的特性。常用的电解液配方有氢氧化钠体系、铝酸盐体系、硅酸盐体系和磷酸盐体系等,研究结果表明,微弧氧化膜在碱性电解液中,如

KOH、NaOH 溶液中会有一部分溶解,并且 KOH 或 NaOH 浓度过大会对氧化层产生破坏作用,所以试验研究中通常采用呈弱碱性的电解液,pH 值一般控制在 10～11。试验进行一段时间后,电解槽内的电解液会变得混浊甚至产生沉淀,从而导致溶液成分及溶液的 pH 值分布不均匀,需要向电解液中加入一定量的络合剂来提高溶液的稳定性,延长电解液的使用寿命,常见的络合剂有 EDTA、丙三醇等有机物。

③ 电解液稳定组分。

由于微弧氧化过程中大部分使用碱性电解液,在处理一定量样品后,溶液会由澄清变得浑浊继而出现白色沉淀,使溶液性质发生变化,不利于长期有效的使用。可以通过加有含烷基的表面活性剂或者络合剂,使溶液性质长期保持稳定。在以往研究中常选用 EDTA 二钠(乙二胺四乙酸二钠),它是一种稳定剂,有络合铝离子的功能,可以减少电解液中的絮状沉淀,从而改善电解液质量,提高电解液的利用率。但据文献报道,EDTA 二钠的质量浓度不能超过 $4.0~\mathrm{g} \cdot \mathrm{L}^{-1}$,否则会使击穿电压升高,陶瓷层表面粗糙度上升。微弧氧化溶液中溶质元素的自身属性对陶瓷层形成无直接作用,目前有关微弧氧化溶液的配比的专利已有数十种,磷酸盐、硅酸盐、碳酸盐和氢氧化钠等均可作为微弧氧化的主添加剂,多数研究者倾向选用碱性介质溶液,氢氧化钠、氢氧化钾都可用来调节溶液的 pH 值,主要是由于酸性介质容易对样品造成腐蚀。

(5)电解液浓度。

电解液浓度的大小直接影响氧化过程中的起弧电压,电解液浓度越高,起弧电压越小,起弧电压低能够降低氧化过程的能耗,对氧化陶瓷层的破坏力较弱,形成的陶瓷层较致密,孔隙率较低,但陶瓷层厚度较小,耐蚀性较差。

(6)电解液 pH 值。

在强酸或强碱溶液中,电解液会加快氧化膜的溶解速度,导致陶瓷层的生长速度减慢,所以一般选择弱酸或弱碱性溶液。

(7)电解液温度。

当溶液温度较低时,电解液生成氧化膜的速度较快,陶瓷层的致密性能较好,但温度过低时氧化作用较弱,氧化膜的厚度及硬度值都较低;当溶液温度过高时,会增强碱性电解液对氧化膜的溶解作用,致使膜厚与硬度显著下降,且溶液易飞溅,陶瓷层也易被局部烧蚀或击穿。

(8)微弧氧化时间。

微弧氧化时间可根据电解液的浓度、稳定性、电流密度和所需要的陶瓷层厚度来确定。在相同条件下,随着时间延长,氧化膜的厚度增加,孔洞数量增多,当达到一定厚度后,陶瓷层的生长速度反而下降,最后不再增加。

(9)机械搅拌的影响。

微弧氧化过程中,电解液中配有搅拌装置,能促使溶液对流,使温度及电解液成分均匀,不会造成金属因局部升温而导致氧化膜质量下降。

(10)电源输出模式的影响。

① 恒压模式。

恒压模式是在对试样进行微弧氧化的过程中将电压恒定为某一恒定值,脉冲频率和占空比在微弧氧化过程中保持不变。研究表明,通过对陶瓷层厚度与时间的拟合曲线可知,随着氧化时间的延长,陶瓷层的厚度呈半抛物线的趋势增长。这是由于在恒压模式下随着氧化时间的延长,当采用的控制电压与形成陶瓷层的击穿电压相近时此后陶瓷层将难以被击穿,微弧氧化终止。所以,电压是维持微弧氧化陶瓷层局部微区产生击穿现象的关键因素。

采用恒压控制模式进行微弧氧化,电压值可采用分段控制,也可以采用瞬时加到所需电压的方法。不同的基体材料和不同的电解液具有不同的临界点击穿电压。据研究报道,微弧氧化工作电压一般控制在大于起弧电压几十至上百伏的条件下进行,这对微弧氧化过程中选择合适的电压带来较大困难,选择的电压过低,微弧氧化膜的厚度不够,甚至不能进行微弧氧化;选择的电压过高,微弧氧化膜在后期容易烧灼。

② 恒流模式。

恒流模式是在对试样进行微弧氧化的过程中将电流恒定为某一恒定值,脉冲频率和占空比在微弧氧化过程中保持不变。陶瓷层厚度与时间的关系曲线也呈半抛物线的增长趋势,这是由于在恒流模式下随着氧化时间的延长,电压不断增加,从而能量密度也不断增加,陶瓷层厚度不断增加。当氧化时间延长到一定程度,陶瓷层厚度增加缓慢,陶瓷层厚度增加到一定程度会阻碍离子的扩散,从而降低了陶瓷层的生长速率。随着氧化时间的延长,电解液温度升高,陶瓷层的溶解速率增大,最终形成溶解－生长的动态平衡,所以形成了半抛物线的增长趋势。研究发现,采用恒电流控制模式进行微弧氧化时,随着时间的增加,电压与厚度呈一定指数关系增加,选择合适的微弧氧化时间可以避免恒压模式出现的一系列问题,因此大多数研究者采用恒电流的控制模式。所以,本书把电参数、氧化时间对微弧氧化膜形成的整体影响列为研究的重点,以在氢化锆表面制备致密的阻氢 ZrO_2 氧化膜。

③ 分级式控制模式。

微弧氧化采用恒流模式时,随着氧化过程的进行,陶瓷层厚度不断增加,然而随着厚度增加到一定程度时,陶瓷层的缺陷数量显著增多,从而影响陶瓷层的致密性。对于在氢化锆表面制备的 ZrO_2 氧化膜防氢渗透层,氧化膜的厚度和致密性会在很大程度上影响其阻氢效果,所以为了制备一定厚度、致密性好的氧化物陶瓷层,微弧氧化工艺的优化显得尤其必要。

为了制备具有一定厚度、致密性好的 ZrO_2 氧化膜陶瓷层,应根据陶瓷层的生长过程来调节各阶段能量参数的大小,其基本指导思想是:微弧氧化前期,在相对强脉冲放电作用下,使陶瓷层厚度快速增长,在后期通过降低电流密度、调整电源脉冲频率和占空比使电压稳定在相对弱脉冲放电强度下,对前期形成的多孔性疏松陶瓷层及各种缺陷进行一定程度的修复和弥合。

基于以上指导思想提出以下工艺优化方案:在微弧氧化初期,采用较大的电流密度、较小的脉冲频率和较大的占空比,旨在提高能量使初期陶瓷层以较快的速度增长;中期为微弧氧化过渡阶段,各能量参数均选择适中,保证陶瓷层的生长增厚,使陶瓷层内部的缺陷及孔洞不会太大;在后期采用较小的电流密度、较高的脉冲频率和较小的占空比,在相对弱脉冲放电强度下,对前期的多孔疏松层进行一定程度的修复。将优化前期的控制方式定为恒流模式,而后期优化方案定为恒压控制模式,就可以得到既有一定厚度又具有较好致密性的氧化物陶瓷层。

1.4　氧化锆陶瓷材料概述

1.4.1　氧化锆晶型结构及其相变

氧化锆(化学式: ZrO_2)是高熔点金属氧化物,是锆的主要氧化物。在不同温度下, ZrO_2 有三种晶体形态存在,分别为单斜相($m-ZrO_2$)、四方相($t-ZrO_2$)和立方相($c-ZrO_2$), $Zr-O_2$ 系平衡相图如图 1.13 所示。在不同温度条件下发生相变,其相互转变温度可表示为

$$m\text{-}ZrO_2 \underset{\sim 950\ ℃}{\overset{1\ 170\ ℃}{\rightleftharpoons}} t\text{-}ZrO_2 \xrightarrow{2\ 370\ ℃} c\text{-}ZrO_2 \xrightarrow{2\ 706\ ℃} 熔化$$

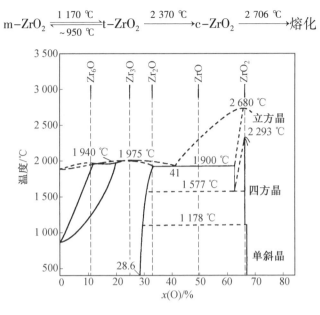

图 1.13　Zr–O_2 系平衡相图

　　纯 c–ZrO_2 是存在于 2 370 ~ 2 706 ℃ 的化学计量式高温相,具有典型的萤石型结构;t–ZrO_2 存在温度区间为 1 178 ~ 2 370 ℃,晶体结构类似于萤石结构,其实质是通过改变氧原子的 Z 坐标,且伴随 a 轴和 b 轴的缩短和 c 轴的延伸;低于 1 170 ℃ 时为 m–ZrO_2,单斜晶相当于四方晶沿着 β 角偏转一定角度形成,且伴随 4.5% 的体积膨胀和 9° 的切应变效应。加热时单斜晶转变为四方晶,体积收缩,冷却时四方晶转变为单斜晶,体积膨胀。ZrO_2 不同晶型结构的示意图如图 1.14 所示。值得注意的是,纯 ZrO_2 在烧结制备时,在降温过程中由于晶型转变会导致开裂,因此在实际工程应用中缺乏应用价值。

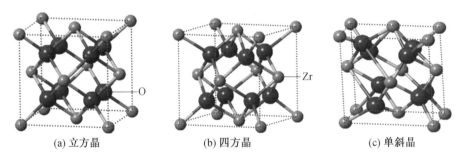

　　　(a) 立方晶　　　　　　　(b) 四方晶　　　　　　　(c) 单斜晶

图 1.14　ZrO_2 不同晶型结构的示意图

　　在 ZrO_2 晶格内引入低价态的金属氧化物(如 Y_2O_3、MgO、La_2O_3 及 CaO 等)作

为稳定剂,替代部分 Zr^{4+} 和引入空位形成固溶体或复合体,通过抑制 $c/t\text{-}ZrO_2$ 向 $m\text{-}ZrO_2$ 转变,使其在宽温域条件下保持亚稳态 $t\text{-}ZrO_2$ 和 $c\text{-}ZrO_2$ 结构,从而实现部分稳定 $ZrO_2(PSZ)$ 和全稳定 ZrO_2 的调控设计。典型的二元体系相图如图 1.15 所示,图中 c 表示立方相,t 表示四方相,m 表示单斜相,L 为液体。

在众多体系中,以 Y_2O_3 为稳定剂的 ZrO_2($Y\text{-}PSZ$) 陶瓷应用研究最为广泛,与 $Mg\text{-}PSZ$ 和 $Ca\text{-}PSZ$ 陶瓷相比,$Y\text{-}PSZ$ 陶瓷的四方度最小,具有最小的点阵畸变能,因此在外因诱导作用下最易发生四方相到单斜相的转变。当 Y_2O_3 摩尔分数大于 8% 时,全部转变为 $c\text{-}ZrO_2$,具有优异的光学透明和化学稳定特性;当

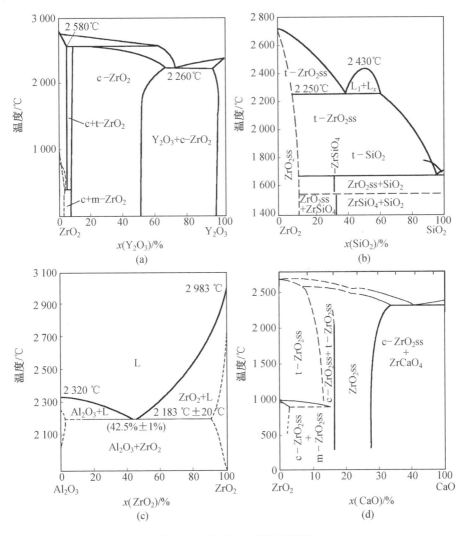

图 1.15 典型的二元体系相图

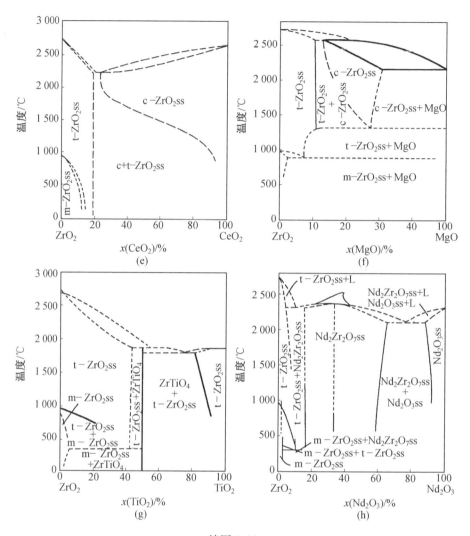

续图 1.15

Y_2O_3 摩尔分数为 2% ~ 5% 时,具有应力诱变特性,可在应力的作用下转变为 $m-ZrO_2$,其中 3% Y_2O_3 稳定 PSZ 应用最为广泛,是韧化陶瓷材料最有效途径之一。值得注意的是,全稳定 ZrO_2(立方晶)在高温下缓慢冷却时可能会发生相分离,即局部微区立方晶氧化锆发生沉淀脱溶,形成固有高 Y 元素含量的立方晶氧化锆和具有低 Y 元素含量的四方晶氧化锆,这是第一顺序转变的特征,即相转变是在特定温度下作为 Y_2O_3 的浓度函数,而浓度的变化驱动相转变是同质的成核过程,可以描述为以扩散方式转变为立方相和四方相共存。

影响氧化锆稳定性和相结构变化的主要因素包括:①阳离子掺杂剂类型;②

阳离子掺杂剂的数量;③阳离子掺杂剂的价数;④阳离子掺杂剂的半径;⑤氧化锆的制备温度;⑥氧化锆的晶粒尺寸。在氧化锆晶格中掺杂阳离子后,一般为多相共存形式的混合相。在物相的定量分析中,一般采用 X 射线衍射技术,把四方相作为氧化锆的多晶体,通过积分强度测定。根据稳定和不稳定氧化锆体系中 X 射线衍射强度的相对关系计算单斜相的相对含量,计算公式为

$$V_{t+c} = \frac{X_{t+c}}{1.381(1-X_{t+c})+X_{t+c}} \times 100\% \tag{1.38}$$

$$X_{t+c} = \frac{I_{t+c}(101)}{I_m(111)+I_m(\bar{1}11)+I_{t+c}(101)} \tag{1.39}$$

$$V_{t+c} = 1 - V_m \tag{1.40}$$

式中　$I_{t+c}(101)$——四方相氧化锆(101)晶面特征峰相对强度;

$I_m(\bar{1}11)$ 和 $I_m(111)$——单斜相氧化锆($\bar{1}11$)和 $I_m(111)$晶面的衍射峰强度;

V_m 和 V_{t+c}——氧化锆陶瓷层中单斜相氧化锆、四方相氧化锆和立方相氧化锆相对体积质量分数。

1.4.2　氧化锆陶瓷的增韧机制

氧化锆陶瓷具有低密度、高硬度、高强度、优异耐磨性、优异高温抗氧化性和优异核性能等特性,在航空航天等尖端领域具有广阔的应用前景。但由于氧化物陶瓷固有的脆性本质,极大限制了其在工程领域的应用,如何改善氧化物陶瓷材料的脆性是拓宽和延伸其应用的战略性难题。陶瓷材料增韧不存在晶界滑移及位错等可以吸收裂纹扩展性能的增韧机制,因此,向陶瓷材料中引入某种吸收裂纹扩展应变能机制是提高陶瓷材料韧性行之有效的方法。氧化锆陶瓷的增韧机制与 ZrO_2 陶瓷 t→m 相转变所产生的体积膨胀和切应变相关,可归纳为 3 种,本节进行介绍。

(1)应力诱发相变增韧机制。

应力诱发相变增韧机制实质为应力诱发 ZrO_2 陶瓷 t→m 变相和相变诱发塑性产生的裂纹屏蔽过程,力学过程可定性描述为:在陶瓷发生断裂的过程中,弥散分布于 Al_2O_3 基体中的亚稳态 PSZ 颗粒在裂纹尖端拉应力场的作用下转变为具有热力学稳定的 $m-ZrO_2$,并伴随体积膨胀(4%)和切应变(6%)效应,由此产生的反作用压应力又作用于裂纹尖端,有效减缓或阻止裂纹尖端扩展,从而起到

增韧 Al_2O_3 基体的效果。可见,确保复相陶瓷中的亚稳态 t-ZrO_2 保留至室温且能够在应力场作用下发生 $t \rightarrow m$ 相变,是保证应力诱发相变增韧的前提条件。假设只有裂纹表面附近约等于晶粒尺寸 R 的区域内的亚稳态 t-ZrO_2 可发生相变增韧,Lange 推导出相变增韧陶瓷的断裂韧性表达式为

$$K_{IC} = \left[K_0^2 + \frac{2RE_c V_i (|\Delta G^c| - \Delta U_{se}f)}{1 - \nu_c^2} \right]^{1/2} \tag{1.41}$$

式中　K_0——未增韧基体陶瓷的断裂韧性;

　　　E_c——弹性模量;

　　　ν_c——泊松比;

　　　V_i——在应力场作用下可发生相变 t-ZrO_2 的体积分数;

　　　$|\Delta G^c| - \Delta U_{se}f$——应力场诱发相变所产生的功。

从式(1.41)可知,复相陶瓷中 t-ZrO_2 保留至室温是相变增韧的先决条件,t-ZrO_2 稳定性除与基体材料的弹性模量、热膨胀系数和化学效应有关外,还与 t-ZrO_2 的晶粒尺寸及其分布相关。

(2)微裂纹增韧机制。

微裂纹增韧机制本质作用机理为基体材料内部尺度较小的微裂纹对主裂纹尖端扩展所需能量的分散和吸收作用,从而有效提高材料的断裂韧性。研究表明,微裂纹通常是在烧结冷却的过程中产生,大于临界相变尺寸(D_c)的 t-ZrO_2 将发生 $t \rightarrow m$ 相变,在体积膨胀和切应变的作用下导致微裂纹形核与扩展,D_c 可表示为

$$D_c \geqslant \frac{C}{\sigma_t^2} \tag{1.42}$$

式中　C——与基体相关的常数;

　　　σ_t——晶界拉应力。

微裂纹的增韧效果取决于裂纹长度、方向和密度等。然而,随着微裂纹密度增大、扩展和相互连接形成的微裂纹尺度增大,往往会降低材料的弹性模量,在增加韧性的同时使强度下降。因此,如何在陶瓷内部实现微裂纹预制以及防止微裂纹的过度扩展和连接是有效增韧的关键。Evans 提出微裂纹增韧定量化模型,可表示为

$$K_c^\infty / K_c \approx 1 + af_s + \frac{bEf_s\sqrt{h}\theta}{K_c} \tag{1.43}$$

式中 f_s——微裂纹密度；

θ——膨胀应变；

h——过程区宽度；

$a \approx 0.4, b \approx 0.25$。

从式(1.43)中可以发现,微裂纹增韧的内在作用可分为两部分:① 断裂过程区域内材料弹性模量的下降所引起的较微弱增韧效果,与断裂过程区域的尺度无关;② 由微裂纹的拉应力场所产生的膨胀效应引起的增韧,微裂纹增韧效应主要由此产生,且与断裂过程区宽度相关。

(3)其他增韧机制。

其他增韧机制主要包括表面压应力增韧以及裂纹偏转、弯曲和分支增韧机制。表面压应力增韧是指由磨削、研磨和抛光等表面机械加工或氧化、还原等热处理工艺使陶瓷表面/近表面区域微观组织产生压应力,可以有效抑制或阻止裂纹的形核或扩展,从而达到一定的增韧效果。裂纹偏转、弯曲和分支增韧机制是源于基体中第二弥散相对裂纹尖端应力场的扰动,使主裂纹扩展路径发生不同程度偏转、弯曲和分叉,从而松弛裂纹尖端扩展的驱动力,有效改善基体的断裂韧性。

本章参考文献

[1] 王志刚. 基于正交试验的氢化锆表面微弧氧化陶瓷层制备工艺研究[D]. 呼和浩特: 内蒙古工业大学, 2014.

[2] 钟学奎. 微弧氧化法制备氢化锆表面防氢渗透层[D]. 呼和浩特: 内蒙古工业大学, 2012.

[3] El-GENK M S. Space nuclear reactor power system concepts with static and dynamic energy conversion [J]. Energy Conversion and Management, 2008, 49 (3): 402-411.

[4] SUMMERER L, PIERRE ROUX J, PUSTOVALOV A, et al. Technology-based design and scaling for RTGs for space exploration in the 100 W range[J]. Acta Astronautica, 2011, 68(7/8): 873-882.

[5] O'BRIEN R C, AMBROSI R M, PANNISTER B N, et al. Safe radioisotope thermoelectric generators and heat sources for space applications[J]. Journal of

Nuclear Materials, 2008, 377(3): 506-521.

[6] TANG S, SUN H, WANG C, et al. Transient thermal-hydraulic analysis of thermionic space reactor TOPAZ-II with modified RELAP5[J]. Progress in Nuclear Energy, 2019, 112: 209-224.

[7] 周彪,吉宇,孙俊. 空间核反应堆电源需求分析研究[J]. 原子能科学与技术, 2020, 54(10): 1912-1923.

[8] 蔡善钰,何舜尧. 空间放射性同位素电池发展回顾和新世纪应用前景[J]. 核科学与工程, 2004, 24(2): 97-104.

[9] 张建中,任保国,王泽深,等. 放射性同位素温差发电器在深空探测中的应用[J]. 宇航学报, 2008, 29(2): 644-647.

[10] RINEHART G H. Design characteristics and fabrication of radioisotope heat sources for space missions[J]. Progress in Nuclear Energy, 2001, 39(3/4): 305-319.

[11] RIFFAT S B, MA X L. Thermoelectrics: a review of present and potential applications[J]. Applied Thermal Engineering, 2003, 23(8): 913-935.

[12] 解家春,赵守智,贾宝山,等. TOPAZ-Ⅱ反应堆慢化剂温度效应分析[J]. 原子能科学技术, 2011, 45(1): 48-53.

[13] 张文文,陈静,田文喜,等. TOPAZ-Ⅱ空间电源系统辐射器改进研究[J]. 原子能科学技术, 2016, 50(8): 1402-1409.

[14] 李臻,陆道纲,曹琼. TOPAZ-Ⅱ空间核反应堆电源辐射屏蔽优化措施影响分析[J]. 原子能科学技术, 2021, 55(11): 2079-2086.

[15] BENNETT G L, HEMLER R J, SCHOCK A. Status report on the U.S. space nuclear program[J]. Acta Astronautica, 1996, 38(4/5/6/7/8): 551-560.

[16] CASSADY R J, FRISBEE R H, GILLAND J H, et al. Recent advances in nuclear powered electric propulsion for space exploration[J]. Energy Conversion and Management, 2008, 49(3): 412-435.

[17] HAYASHI T, TOBITA K, NAKAMORI Y, et al. Advanced neutron shielding material using zirconium borohydride and zirconium hydride[J]. Journal of Nuclear Materials, 2009, 386: 119-121.

[18] PONOMAREV-STEPNOI N N, BUBELEV V G. Methods of mathematical statistics for verification of hydrogen content in zirconium hydride moderator

　　　　[J]. Nuclear Science and Engineering, 1995, 119(2): 108-115.

[19] LI J, ZHOU Q, MOU J. et al. Neutronic design study of an integrated space nuclear reactor with stirling engine[J]. Annals of Nuclear Energy, 2020, 142: 107382.

[20] WANG L J, CHEN B D, YAO D. Reactivity temperature coefficient evaluation of uranium zirconium hydride fuel element in power reactor[J]. Nuclear Engineering and Design, 2013, 257: 61-66.

[21] GLASSTONE S, EDLUND M C. The elements of nuclear reactor theory[M]. New York: Van Nostrand, 1952.

[22] WANG Z H, LIU F C, GUO Z C, et al. Advance in and prospect of moderator materials for space nuclear reactors[J]. International Journal of Energy Research, 2021, 45(8): 11493-11509.

[23] 熊炳昆. 锆在有色金属材料中的应用[J]. 稀有金属快报, 2005, 24(6): 45-47.

[24] 彭坤, 谢佑卿. 金属 Zr 的电子结构和物理性质[J]. 中国有色金属学报, 1999, 9(4): 700-740.

[25] RISTIĆ R, BABIĆ E. Thermodynamic properties and atomic structure of amorphous zirconium[J]. Materials Science and Engineering: A, 2007, 449/450/451: 569-572.

[26] 熊炳昆, 杨新民, 罗方承, 等. 钴给及其化合物应用[M]. 北京: 冶金工业出版社, 2002.

[27] ZHONG Y, MACDONALLD D D. Thermodynamics of the Zr-H binary system related to nuclear fuel sheathing and pressure tube hydriding[J]. Journal of Nuclear Materials, 2012, 423(1/2/3): 87-92.

[28] 王智辉. 钇锆合金氢化物成分设计与吸氢性能研究[D]. 北京: 北京科技大学, 2021.

[29] VESHCHUNOV M S, BERDYSHEV A V. Modelling of hydrogen absorption by zirconium alloys during high temperature oxidation in steam[J]. Journal of Nuclear Materials, 1998, 255(2/3): 250-262.

[30] COX B, WONG Y M. A hydrogen uptake micro-mechanism for Zr alloys[J]. Journal of Nuclear Materials, 1999, 270(1/2): 134-146.

[31] CHERNIKOV A S, SYASIN V A, KOSTIN V M, et al. Influence of hydrogen content on the strength and the presence of defects in epsilon-zirconium hydride [J]. Journal of Alloys and Compounds, 2002, 330/331/332: 393-395.

[32] YAMANAKA S, YOSHIOKA K, UNO M, et al. Thermal and mechanical properties of zirconium hydride [J]. Journal of Alloys and Compounds, 1999, 293/294/295: 23-29.

[33] YAMANAKA S, YOSHIOKA K, UNO M, et al. Isotope effects on the physico-chemical properties of zirconium hydride [J]. Journal of Alloys and Compounds, 1999, 293/294/295: 908-914.

[34] KURODA M, SETOYAMA D, UNO M, et al. Nanoindentation studies of zirconium hydride [J]. Journal of Alloys and Compounds, 2004, 368(1/2): 211-214.

[35] 王力军, 张建东, 闫国庆, 等. 移动型核反应堆电源用氢化锆慢化剂部件制备技术及应用 [J]. 中国科技成果, 2021, 6: 18-19.

[36] SHOLL D S. Using density functional theory to study hydrogen diffusion in metals: a brief overview [J]. Journal of Alloys and Compounds, 2007, 446: 462-468.

[37] ADDACH H, BERCOT P, REZRAZI M, et al. Hydrogen permeation in iron at different temperatures [J]. Materials Letters, 2005, 59(11): 1347-1351.

[38] KULSARTOV T V, HAYASHI K, NAKAMICHI M, et al. Investigation of hydrogen isotope permeation through F82H steel with and without a ceramic coating of Cr_2C_3-SiO_2 including $CrPo_4$ (Out-of-Pile Tests) [J]. Fusion Engineering and Design, 2006, 81(1/2/3/4/5/6/7): 701-705.

[39] 宋文海, 杜家驹. 陶瓷-金属复合体系氢同位素渗透模型[J]. 核聚变与等离子体物理, 1998, 18(3): 9-17.

[40] ZAJEC B, NEMANIC V. Determination of parameters in surface limited hydrogen permeation through metal membrane [J]. Journal of Membrane Science, 2006, 280(1/2): 335-342.

[41] WONG C P C, CHERNOV V, KIMURA A, et al. Iter-test blanket module functional materials[J]. Journal of Nuclear Materials, 2007, 367/368/369/370: 1287-1292.

[42] NAKAMICHI M, KAWAMURA H, TERATANI T. Characterization of chemical densified coating as tritium permeation barrier [J]. Journal of Nuclear Science and Technology, 2001, 38(11): 1007-1013.

[43] LEVCHUK D, LEVCHUK S, MAIER H, et al. Erbium oxide as a new promising tritium permeation barrier[J]. Journal of Nuclear Materials, 2007, 367: 1033-1037.

[44] ZHANG S T, HUANG X M, ZHAO D Y, et al. Fabrication and test of a conceptual first wall containing ttanium nitride as a tritium permeation barrier [J]. Fusion Engineering and Design, 2022, 182: 113244.

[45] YAO Z Y, HAO J K, ZHOU C S, et al. The permeation of tritium through 316L stainless steel with multiple coatings[J]. Journal of Nuclear Materials, 2000, 283/284/285/286/287: 1287-1291.

[46] UNEMOTO A, KAIMAI A, SATO K, et al. Hydrogen permeability and electrical properties in Oxide composites[J]. Solid State Ionics, 2008, 178 (31/32): 1663-1667.

[47] WIPF H, KAPPESSER B, WERNER R. Hydrogen diffusion in titanium and zirconium hydrides[J]. Journal of Alloys and Compounds, 2000, 310(1/2): 190-195.

[48] YEPES D, CORNAGLIA L M, IRUSTA S, et al. Different Oxides used as diffusion barriers in composite hydrogen permeable membranes[J]. Journal of Membrane Science, 2006, 274(1/2): 92-101.

[49] CHEN W D, WANG L J, LU S G. Influence of Oxide layer on hydrogen desorption from zirconium hydride [J]. Journal of Alloys and Compounds, 2009, 469(1/2): 142-145.

[50] CHEN W D, YAN S F, ZHONG X K. Properties of Oxide film on the surface of $ZrH_x(x=0\sim2)$[J]. Materials Science Forum, 2011, 686: 609-612.

[51] DEMINSKY M, KNIZHNIK A, BELOV I, et al. Mechanism and kinetics of thin zirconium and hafnium oxide film growth in an ALD Reactor [J]. Surface Science, 2004, 549(1): 67-86.

[52] YAO Z Y, SUZUKI A, LEVCHUK D, et al. Hydrogen permeation through steel coated with erbium Oxide by Sol-Gel method [J]. Journal of Nuclear

Materials, 2009, 386: 700-702.

[53] ZAKORCHEMN I, CARMONA N, ZAKROCZYMSKI T. Hydrogen permeation through Sol-Gel-coated iron during galvanostatic charging[J]. Electrochimica Acta, 2008, 53(28): 8154-8160.

[54] 赵平, 孔祥巩, 邹从沛. 氢化锆表面电镀 Cr-C 氢渗透阻挡层分析[J]. 核动力工程, 2005, 26(6): 576-578.

[55] CHILADA T, SUZUKI A, KOBAYASHI T, et al. Microstructure change and deuterium permeation behavior of erbium oxide coating[J]. Journal of Nuclear Materials, 2011, 417(1/2/3): 1241-1244.

[56] YANG H G, ZHAN Q, ZHAO W W, et al. Study of an Iron-Aluminide and alumina tritium barrier coating[J]. Journal of Nuclear Materials, 2011, 417(1/2/3): 1237-1240.

[57] ZHAN Q, YANG H G, ZHAO W W, et al. Characterization of the alumina film with cerium doped on the iron-aluminide diffusion coating[J]. Journal of Nuclear Materials, 2013, 442(1/2/3): S603-S606.

[58] WANG Z G, CHEN W D, YAN S F, et al. Characterization of ZrO_2 ceramic coatings on $ZrH_{1.8}$ prepared in different electrolytes by micro-arc oxidation[J]. Rare Metals, 2022, 41(3): 1043-1050.

[59] BAI A, CHEN Z J. Effect of electrolyte additives on anti-corrosion ability of micro-arc oxide coatings formed on magnesium alloy AZ91D[J]. Surface and Coatings Technology, 2009, 203(14): 1956-1963.

[60] WANG Y M, JIANG B L, LEI T Q, et al. Dependence of growth features of microarc oxidation coatings of titanium alloy on control modes of alternate pulse [J]. Materials Letters, 2004, 58(12/13): 1907-1911.

[61] ALLAHKARAM S R. Formation mechanism and surface characterization of ceramic composite coatings on pure titanium prepared by micro-arc oxidation in electrolytes containing nanoparticles [J]. Surface & Coatings Technology, 2016, 291: 396-405.

[62] WANG Y M, LEI T Q, JIANG B L, et al. Growth microstructure and mechanical properties of microarc oxidation coatings on titanium alloy in phosphate-containing solution[J]. Applied Surface Science, 2004, 233(1/2/

3/4）：258-267.

[63] MATYKINA E, BERKANI A, SKELDON P, et al. Real-time imaging of coating growth during plasma electrolytic oxidation of titanium [J]. Electrochimica Acta, 2007, 53(4)：1987-1994.

[64] WANG H Y, ZHU R F, LU Y P, et al. Effect of sandblasting iintensity on microstructure and properties of pure ttanium micro-arc oxidation coatings in an optimized composite technique[J]. Applied Surface Science, 2014, 292：204-212.

[65] YAO Z Q, IVANISENKO Y, DIEMANT T, et al. Synthesis and properties of hydroxyapatite-containing porous titania coating on ultrafine-grained titanium by micro-arc oxidation[J]. Acta Biomaterialia, 2010, 6(7)：2816-2825.

[66] 黄佳俊, 金凡亚, 胡俊达, 等. 四硼酸锂电解液浓度对 Zr-4 合金微弧氧化陶瓷层的影响[J]. 材料保护, 2023, 56(9)：68-74.

[67] GU Y H, BANDOPADHYAY S, CHEN C F, et al. Effect of oxidation time on the corrosion behavior of micro-arc oxidation produced AZ31 magnesium alloys in simulated body fluid[J]. Journal of Alloys and Compounds, 2012, 543：109-117.

[68] TANG H, SUN Q, XIN T Z, et al. Influence of $Co(CH_3COO)_2$ concentration on thermal emissivity of coatings formed on titanium alloy by micro-arc oxidation [J]. Current Applied Physics, 2012, 12(1)：284-290.

[69] BAYATI M R, GOLESTANI-FARD F, MOSHFEGH A Z, et al. A photocatalytic approach in micro arc oxidation of WO_3-TiO_2 nano porous semiconductors under pulse current[J]. Materials Chemistry and Physics, 2011, 128(3)：427-432.

[70] VIJH A K. Sparking voltage and side reactions during anodization of valve metals in terms of electron tunneling[J]. Corrosion Science, 1971(11)：411-417.

[71] IKONOPISOV S, GIRGNIVV A, MACHKOVA A. Post-breakdown anodization of aluminium[J]. Electrochem Acta, 1977, 22(1)：1283-1286.

[72] IKONOPISOV S, GIRGNIVV A, MACHKOVA A, et al. Theory of electrical breakdown during formation of barrier anodic films[J]. Electrochem Acta,

1977, 22(10): 1077-1082.

[73] LI L H, KIM II W, LEE S H, et al. Biocompatibility of titanium implants modified by microarc oxidation and hydroxyapatite coating [J]. Journal of Biomedical Materials Research-Part A, 2005, 73(1): 48-54.

[74] KRYMANN W, URZE P K, DITTRICH K H, et al. Process characteristics and parameters of anode oxidation by spark discharge (ANOF) [J]. Corrosion Science, 1971(11): 411-417.

[75] 闫国庆. 氢化锆表面多组元阻氢层制备及阻氢机理研究[D]. 呼和浩特: 内蒙古工业大学, 2017.

[76] 蒋百灵, 蒋永峰. 等离子体电化学原理与应用[M]. 南京: 南京大学出版社, 2021.

[77] QI S, MA Z, YAN G Q, et al. Hydrogen permeation rate of coating zirconium hydride moderator—a prediction model[J]. International Journal of Energy Research, 2021, 45(10): 14710-14719.

[78] 王志斌. 镁合金表面处理技术的研究进展[J]. 中国金属通报, 2020(2): 8-9.

第2章 硅酸盐体系氢化锆表面微弧氧化防氢渗透层的试验研究

2.1 微弧氧化双极性脉冲电源与电流变化规律

2.1.1 微弧氧化双极性脉冲电源概述

微弧氧化电源按其工作模式可分为直流电源、正弦交流电源、周期反向脉冲电源、不对称交流电源和脉冲电源等。虽然不同的电源模式具有不同的特点,使用直流电源可以省去添加剂和其他的外加设备,但涂层的生长速度慢且性能一般。使用正弦交流电源和脉冲电源阳极氧化呈周期性变化,使阴极的热量释放较少,减少能量消耗且成膜速度快。使用脉冲电源瞬时冲击电压较大,在较小的电流密度下通过阳极氧化使涂层增厚。与其他电源相比,脉冲电源和不对称交流电源工况下进行微弧氧化具有明显的优越性。

脉冲电流又分为单极脉冲电流和双极脉冲电流两种模式。相比而言,双极脉冲电流方式下的微弧氧化各阶段具有以下特点。

(1)阳极氧化阶段负载的等效电阻的加载速度显著降低。

(2)微弧放电阶段大弧放电起始电压增加且持续时间缩短,使部分大弧放电过程逆转为微弧放电,即具有一定的"自愈"功能。可见,双极性脉冲电源较好地解决了大弧问题。

图2.1所示为双极性脉冲微弧氧化电源的主电路原理图。图2.1(a)为桥式电路,正负电源经整流滤波后向斩波电路提供直流,通过控制电路输出两路不对称的脉冲轮流触发两组绝缘栅双极晶体管(Insulate Gate Bipolar Transistor,IGBT)(K_1、K_3和K_2、K_4),实现对负载的充放电过程控制,这种电路误导通率较高,容易烧损元器件,优点并不明显。因此,试验中通常采用改进型串联电路,如图2.1(b)所示。脉冲轮流触发两个IGBT(K_1和K_2),交替上述过程即可输出正负相间的脉冲。正、负脉冲宽度相同,采用同样的脉冲频率和占空比,一个完整周

期内输出各一次正、负脉冲。

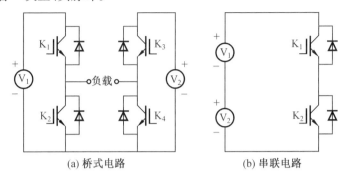

(a) 桥式电路　　　　　　　　　　　(b) 串联电路

图 2.1　双极性脉冲微弧氧化电源的主电路原理图

本书微弧氧化电源采用 WHD-30 型多功能双向脉冲交流电源,由哈尔滨工业大学研制。正负向电压及电源输出脉冲频率单独可调,电流密度作为反馈随反应自动调节。能量参数包括电流密度、正负向电压、脉冲频率、占空比和处理时间等。电流密度和电压的大小主要是控制单位金属面积和单位时间供给能量的大小。脉冲频率和占空比实质是控制微弧氧化过程中单位脉冲能量的大小,电源脉冲频率越小、占空比越大,意味着能量越高,陶瓷层被击穿氧化的时间越长,可供给熔融氧化物更有利的能量条件,让其转变成陶瓷氧化物。电源的规格及主要技术参数如下。

(1)额定容量为 30 kW,三相交流电压为(380±10)V。

(2)电源额定输入:正负向电流为 0~50 A,正负向电压为 0~750 V 可调。

(3)电源频率可调范围为 50~1 000 Hz。

(4)阻抗匹配电压<3 V。

(5)电流空载率<6%。

微弧氧化电源输出脉冲波形示意图如图 2.2 所示。双极性脉冲电源的负载电流实际波形示意图如图 2.3 所示。

图 2.2 中各电参数之间的关系为

$$T = (-T_{ON}) + (+T_{ON}) + T_{OFF} \tag{2.1}$$

$$f = \frac{1}{T} \tag{2.2}$$

$$d = \frac{(-T_{ON}) + (+T_{ON})}{T} \tag{2.3}$$

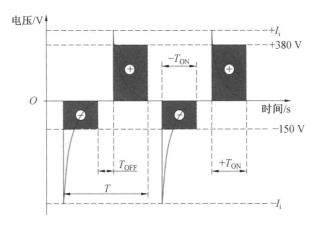

图2.2　微弧氧化电源输出脉冲波形示意图

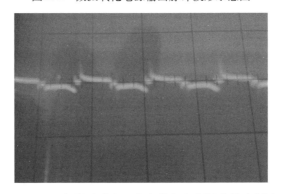

图2.3　双极性脉冲电源的负载电流实际波形示意图

2.1.2　微弧氧化装置与试验方法

微弧氧化电源供电系统与电解液、基体表面陶瓷层和基体等组成通电回路，不同阶段陶瓷层具有不同的电阻和电容效应。在恒压模式下，随着微弧氧化陶瓷层厚度增加，正负向电流作为反馈随之变化。探究微弧氧化过程中正负向反馈电流的变化规律，有助于深入理解微弧放电、陶瓷层击穿和陶瓷层生长特性等，有效指导试验工艺和陶瓷层性能调控。本试验选用氢化锆（$ZrH_{1.8}$）为材料。采用数控线切割机将氢化锆坯料线切割成$\phi 20$ mm×2 mm的圆片试样，在距圆片试样边缘2 mm处打$\phi 2$ mm孔，示意图如图2.4所示。本试验使用微弧氧化装置，主要由电源、不锈钢电解槽、循环冷却系统和搅拌系统等组成，装置示意图如图2.5所示。

氢化锆表面存在不同的微观几何结构，包括机械螺纹形貌、机械齿轮形貌以

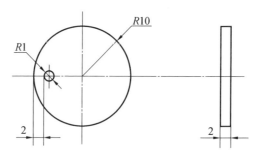

图 2.4　氢化锆试样尺寸示意图(mm)

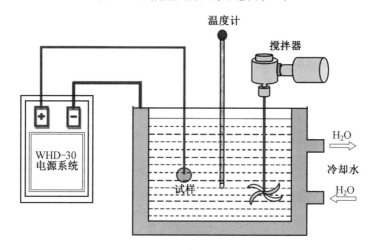

图 2.5　微弧氧化装置示意图

及毛刺和划痕等,具有不同的阴阳极间距和曲率半径。依据高斯定律理论,材料表面曲率半径和阴阳极间距越小,在微弧氧化处理过程中电场强度和电流密度越高,进而影响材料表面微区的微弧放电时空分布、能量密度、微弧放电微孔结构、陶瓷层生长速率和生长均匀性。因此,在微弧氧化处理之前必须对氢化锆进行表面抛光处理。氢化锆表面微弧氧化陶瓷层制备的工艺过程分为以下三步。

(1)试样预处理。在微弧氧化处理前须对试样进行表面预处理,进行以下工序:采用 360#、600#、800#和 1000# SiC 水砂纸对试样表面逐级进行机械打磨,为防止试样在微弧氧化过程中产生边缘尖端放电效应,对边角进行机械打磨;将打磨处理后试样浸置于纯丙酮溶液中,超声波去油清洗 15 min;最后,将滞留于试样表面的丙酮溶液清洗干净,干燥密封准备微弧氧化处理。

(2)电解液的配制。本试验采用的电解液体系为磷酸盐体系,由多聚磷酸钠($Na_5P_3O_{10}$)、氢氧化钠(NaOH)和 EDTA 二钠组成,所用药品均为分析纯试剂。电解液配制均采用去离子水,其温度低于 50 ℃。首先,将已称量药品加入去离子水中不断搅拌使其溶解,待完全溶解后再加入另一种药品,最后加水定容使溶液至所需浓度,溶液配制完毕后进行 12 h 陈化处理。

(3)微弧氧化处理。首先,将氢化锆试样固定于 $\phi2$ mm 铝线一端且完全浸入电解液液面 10 mm 以下,尽量保证试样表面平行于电解槽侧壁。将试样固定于电源正极,电解槽连接电源负极;其次,开启微弧氧化电源、循环冷却系统和搅拌装置等。试验过程中电解液温度通过循环水强制水冷控制在 30 ℃ 以下,固定电源的正负向电压,电源的脉冲频率和电流随反应自动调节,同时记录正负向电流变化值以及观察微弧氧化现象。

2.1.3　恒压模式下微弧氧化脉冲电流的变化规律

图 2.6 所示为硅酸盐体系恒压模式下微弧氧化过程中正负向电流的变化规律。从图中可以看出,微弧氧化过程中正负向电流随时间的变化趋势一致,电流先随时间线性增加,然后急速下降,之后缓慢下降到电流趋向稳定。结合微弧氧化原理和正负向电流变化特征,将反应过程整体可以分为以下阶段。

如图 2.6 中负向电流变化曲线的Ⅰ阶段所示,在反应初期 1~2 min 内负向电流以约为 6 A·min^{-1} 速度迅速升高到最大值 7 A,此阶段为阳极沉积阶段,阳极氧化为后期微弧氧化的进行提供必需的表面钝化膜。在微弧氧化的第Ⅱ阶段2~10 min内,电流迅速下降且下降速率逐渐减小。在 10~20 min 的第Ⅲ阶段,电流进入缓慢下降阶段且下降幅度较小。20 min 以后为微弧氧化的第Ⅳ阶段,电流达到平稳阶段。

从图 2.6 中正向电流变化曲线不难看出,在阳极沉积阶段(第Ⅰ阶段)1~4 min内,正向电压以约为 1 A·min^{-1} 的速度升高到最大值 4 A,与负向电流的变化规律相比,正向电流升高速度慢且最高值小于正向电流的最高值,变化规律整体滞后于负向电流。微弧氧化初期,氢化锆表面产生大量气泡,此阶段为普通阳极氧化。电极体系符合法拉第定律,体系电压和电流遵循欧姆定律。在试样表面形成一层很薄的绝缘 ZrO_2 陶瓷层,而电流急剧增加,这是由于回路阻抗较小,初期电压的急剧升高使电流的增加占主导地位。当电压达到临界击穿电压时,电场强度高达 9×10^{-9} V·m^{-1},足以诱发绝缘氧化膜电离产生自由电子,自由电子在高电场强度驱动力下继续使绝缘陶瓷层电离形成"电子雪崩",陶瓷层不断被电离击穿促进陶瓷层生长。在恒压模式下,当绝缘陶瓷层两侧的电场强度大于绝缘层被击穿所需的最小电场时,绝缘层会被电离从而失去绝缘性,此时的电

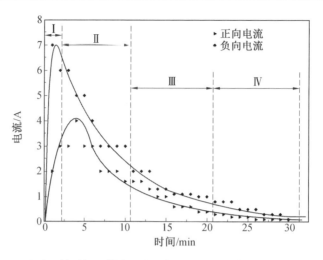

图2.6 硅酸盐体系恒压模式下微弧氧化过程中正负向电流的变化规律

压称为临界击穿电压,此时的电流称为临界击穿电流。尽管随着膜厚增加,回路阻抗增大,正负向电流减小,但是只要大于临界击穿电流,陶瓷层就会被击穿。当绝缘层被击穿时,试样表面产生大量密集、细小的白色火花,进入第Ⅱ阶段即火花放电阶段,火花放电阶段等离子密度高达1×10^{22} m^{-3},陶瓷层较薄位置不断被击穿,试样表面火花密集度减小,白色弧光变暗,表面仍均匀分布细小明亮火花,电流缓慢下降进入反应第Ⅲ阶段即微弧阶段。在第Ⅳ阶段,陶瓷层被击穿困难,电流基本不变,试样表面局部出现较大弧斑,同时表面有跳动的细小火花,进入弧光放电阶段。因此,在第Ⅳ阶段正负向反馈电流呈现平稳状态。微弧氧化过程中单次放电机理模型示意图如图2.7所示。

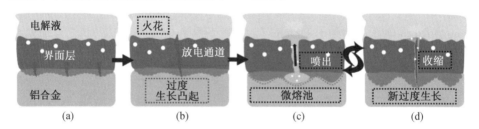

图2.7 微弧氧化过程中单次放电机理模型示意图

2.2　工艺参数对氢化锆表面微弧氧化陶瓷层厚度的影响

2.2.1　正向电压对陶瓷层厚度的影响

以硅酸钠配制硅酸盐体系电解液,其中硅酸钠(Na_2SiO_3)作为电解液的主要成膜成分,加入氢氧化钠调节溶液 pH 值,加入 EDTA 二钠作为溶液稳定剂,微弧氧化处理时间为 10 min,分别研究了电源参数和电解液浓度变化对陶瓷层厚度、物相结构、微观组织形貌和阻氢渗透性能的影响。试验取负向电压为 140 V,脉冲频率为200 Hz,Na_2SiO_3质量浓度为8 g·L^{-1},研究了正向电压在 325 ~ 425 V 范围内变化对陶瓷层厚度的影响。硅酸盐体系正向电压为单因素变量的微弧氧化工艺参数见表 2.1。本节采用 HCC-25 型电涡流测厚仪测量氧化膜的厚度。在试样表面选取最少 5 个点进行测量,最后取平均值作为氧化膜的厚度值;采用金相法利用 Image-Pro Plus 计算陶瓷层的平均厚度,对电涡流测厚仪测试结构辅助验证以保证测试数据的可靠性。

表 2.1　硅酸盐体系正向电压为单因素变量的微弧氧化工艺参数

序号	正向电压 /V	负向电压 /V	脉冲频率 /Hz	电解液配比/(g·L^{-1})		
				Na_2SiO_3	NaOH	EDTA 二钠
1	325					
2	350					
3	375	140	200	8	1.5	2
4	400					
5	425					

图 2.8 所示为硅酸盐体系下,正向电压对微弧氧化陶瓷层厚度的影响。研究表明,当正向电压由 325 V 升高到 425 V 的过程中,陶瓷层厚度由 32 μm 增加到 113 μm。可见,正向电压在 325 ~ 425 V 范围内对陶瓷层厚度的变化具有显著影响。这是由于随着正向电压升高,等离子体能量增大,电弧能够击穿更厚的陶瓷层促使陶瓷层持续生长。整体而言,当正向电压小于 400 V 时,微弧氧化陶瓷层生长速率较小;当正向电压大于 400 V 时,微弧氧化陶瓷层生长速率较大。随着正向电压由 400 V 增加至 425 V,氧化锆陶瓷层厚度由 60 μm 迅速增加至

110 μm左右。

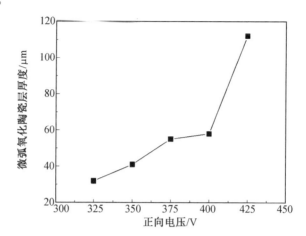

图 2.8   硅酸盐体系下,正向电压对微弧氧化陶瓷层厚度的影响

2.2.2   负向电压对陶瓷层厚度的影响

图 2.9 所示为硅酸盐体系下,负向电压对微弧氧化陶瓷层厚度的影响,其工艺参数见表 2.2。研究表明,负向电压对陶瓷层厚度的变化具有显著影响。正向电压为 350 V 恒定的情况下,随着负向电压由 120 V 升高至 160 V,陶瓷层厚度整体呈快速上升的趋势,由 45 μm 增加到 103 μm。微弧氧化过程中负向电压升高会促进成膜过程中的离子迁移,当有负向电压作用时,氢化锆基体处于阴极状态,此时在试样表面形成一层由水电解产生的氢气吸附气膜,从而提高正向电流的载流子密度,使微弧氧化过程更加稳定,微弧放电均匀,所制备的陶瓷层表面

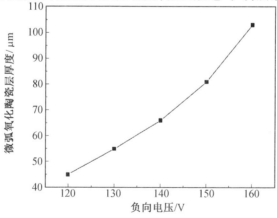

图 2.9   硅酸盐体系下,负向电压对微弧氧化陶瓷层厚度的影响

光滑以及孔洞尺寸更小。因此,负向电压对调控微弧氧化陶瓷层的致密度具有
重要意义。

表 2.2　硅酸盐体系负向电压为单因素变量的微弧氧化工艺参数

序号	正向电压/V	负向电压/V	脉冲频率/Hz	电解液配比/($g \cdot L^{-1}$)		
				Na_2SiO_3	NaOH	EDTA 二钠
1		120				
2		130				
3	350	140	200	8	1.5	2
4		150				
5		160				

2.2.3　脉冲频率对陶瓷层厚度的影响

图 2.10 所示为硅酸盐体系下,脉冲频率对微弧氧化陶瓷层厚度的影响,具
体工艺参数见表 2.3。研究表明,随着脉冲频率由 100 Hz 增加至 300 Hz,微弧氧
化陶瓷层厚度由 113 μm 逐渐下降到 39 μm。频率低时陶瓷层厚度较大,频率增
加陶瓷层的厚度减小,当频率过高时则会发生起弧困难、微弧氧化反应难以进行
的现象。单脉冲放电能量取决于脉宽大小。当电压和占空比固定时,脉冲频率
增大导致单脉冲放电时间缩短,即脉宽减小导致能量减小,从而使熔融态氧化锆
产生量减小,因此涂层厚度降低。可见,脉冲频率导致脉宽的变化是其影响成膜

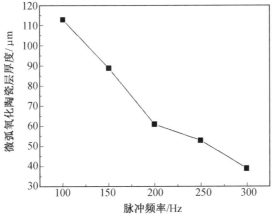

图 2.10　硅酸盐体系下,脉冲频率对微弧氧化陶瓷层厚度的影响

速率的直接原因。

表 2.3　硅酸盐体系脉冲频率为单因素变量的微弧氧化工艺参数

序号	正向电压 /V	负向电压 /V	脉冲频率 /Hz	电解液配比/（g·L⁻¹）		
				Na_2SiO_3	NaOH	EDTA 二钠
1			100			
2			150			
3	350	140	200	8	1.5	2
4			250			
5			300			

2.2.4　Na_2SiO_3 质量浓度对陶瓷层厚度的影响

图 2.11 所示为硅酸盐体系下，Na_2SiO_3 质量浓度变化对微弧氧化陶瓷层厚度的影响，其工艺参数见表 2.4。研究表明，随着 Na_2SiO_3 质量浓度从 8 g·L⁻¹ 增加至 16 g·L⁻¹ 时，微弧氧化陶瓷层厚度整体呈降低趋势，由 65 μm 迅速降低到 25 μm。电解液的电导率是影响微弧氧化陶瓷层生长过程的主要因素之一。图 2.12 所示为电解液的电导率随 Na_2SiO_3 质量浓度的变化关系曲线。随着 Na_2SiO_3 质量浓度增加，电解液的电导率呈线性增加趋势，导致氢化锆合金阳极附近的 SiO_3^{2-} 和 OH^- 离子浓度升高，在微弧放电反应区产生大量的活性氧离子，加剧了氢化锆合金在阳极表面区域的放电特性。然而，随着质量浓度的逐渐增大，电解液

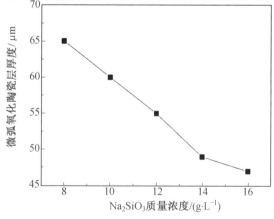

图 2.11　硅酸盐体系下，Na_2SiO_3 质量浓度变化对微弧氧化陶瓷层厚度的影响

的电导率过大时,反应温度较高,导致已形成的陶瓷层出现烧损熔解现象。试验中当 Na_2SiO_3 质量浓度为 8 g·L^{-1} 时,陶瓷层厚度已经开始减薄,表明此时足以导致陶瓷层的熔解,陶瓷层的生长速度小于陶瓷层的熔解速度。

表 2.4　Na_2SiO_3 质量浓度为单因素变量的微弧氧化工艺参数

序号	正向电压 /V	负向电压 /V	脉冲频率 /Hz	电解液配比/(g·L^{-1})		
				Na_2SiO_3	NaOH	EDTA 二钠
1				8		
2				10		
3	350	140	200	12	1.5	2
4				14		
5				16		

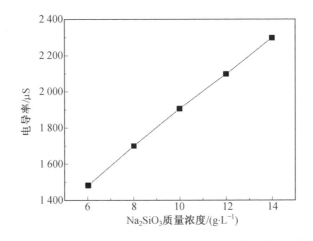

图 2.12　电解液的电导率随 Na_2SiO_3 质量浓度的变化关系曲线

2.3　氢化锆表面微弧氧化陶瓷层组织结构与性能

2.3.1　工艺参数对微弧氧化陶瓷层物相组成的影响

1. 正向电压变化对陶瓷层相结构的影响

图 2.13 所示为硅酸盐体系不同正向电压下微弧氧化陶瓷层的 XRD 谱图,陶

瓷层制备工艺参数见表 2.1。研究表明,当正向电压在 325 ~ 425 V 范围变化,微弧氧化陶瓷层物相组成基本一致,主要由单斜相氧化锆($m-ZrO_2$)和少部分四方相氧化锆($t-ZrO_2$)组成。依据 $t-ZrO_2$ 位于 $2\theta = 30.259°$ 位置最强峰(111)的强度变化趋势判断,随着正向电压的升高,$t-ZrO_2$ 含量呈整体增加趋势,可知正向电压的变化对陶瓷层的物相结构组成有一定影响。陶瓷层的物相结构主要是由微弧氧化过程中单脉冲能量的大小决定,通过改变电压、电流密度和脉宽来控制微弧氧化过程中脉冲能量的大小,脉冲能量越大,陶瓷层生长速度越快。

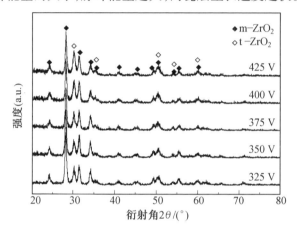

图 2.13   硅酸盐体系不同正向电压下微弧氧化陶瓷层的 XRD 谱图

图 2.14 所示为硅酸盐体系不同正向电压下微弧氧化陶瓷层的物相组成。研究表明,随着正向电压由 325 V 增大至 425 V,$m-ZrO_2$ 体积分数由 84% 降低至 71.5%,$t-ZrO_2$ 则呈逐渐增加变化。氧化锆的 t→m 转变行为属于马氏体相变,除

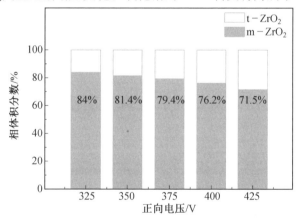

图 2.14   硅酸盐体系不同正向电压下微弧氧化陶瓷层的物相组成

受稳定剂和晶粒尺寸的影响外,还受热激活控制,即与冷却速度有关。此外,氧化锆相变过程不仅与温度有关,还与时间有关,其过冷奥氏体等温转变曲线具有 C 形特征。因此,当冷却速度大时其过冷奥氏体等温转变曲线的范围变窄,相变温区相应变窄,M_s 下降,M_f 上升,导致 m–ZrO_2 体积分数减少,t–ZrO_2 体积分数增加,可见足够快的冷却速度可有效抑制氧化锆的 t→m 相变。在微弧氧化过程中,随着正向电压增加,单位时间、单位面积内可以产生更多的微弧放电位置点,促使氧化反应变得剧烈,在放电通道短时间内聚集更多热量,导致熔融态氧化锆冷却速度急剧增大,因此随着正向电压的增加,t–ZrO_2 体积分数呈逐渐增加的趋势。

2. 负向电压变化对陶瓷层相结构的影响

图 2.15 所示为硅酸盐体系不同负向电压下微弧氧化制备陶瓷层的 XRD 谱图,陶瓷层制备工艺参数见表 2.2。研究表明,负向电压在 120 ~ 160 V 范围内,微弧氧化陶瓷层主要由单斜相氧化锆(m – ZrO_2)和少部分四方相氧化锆(t–ZrO_2)组成,物相组成随着负向电压变化无明显变化。可见,在 120 ~ 160 V 范围内负向电压对陶瓷层的物相组成没有显著影响。

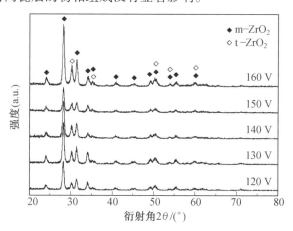

图 2.15　硅酸盐体系不同负向电压下微弧氧化制备陶瓷层的 XRD 谱图

图 2.16 所示为硅酸盐体系不同负向电压下微弧氧化制备陶瓷层的物相组成。研究表明,随着负向电压由 120 V 增加到150 V,m–ZrO_2 体积分数分布在 81.1% ~ 86.6%,整体呈逐渐降低趋势,t–ZrO_2 体积分数则呈逐渐增长趋势,为 13.4% ~ 18.9%。微弧氧化过程中不同正负脉冲电压的瞬变产生的微放电行为不同,负向电压影响成膜过程中的离子迁移,负向脉冲越大,其微放电行为越强,

击穿反应产生的能量和热量在短时间内集中附着于陶瓷层表面,导致熔融态氧化锆冷却速度急剧增大,熔融氧化锆在电解液的"液淬"作用下来不及发生相转变而保存下来。因而,随着负向电压的增加,t-ZrO$_2$含量呈逐渐增加趋势。

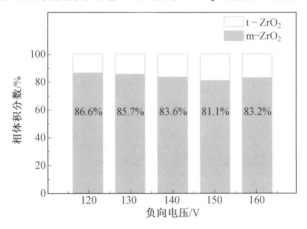

图2.16　硅酸盐体系不同负向电压下微弧氧化制备陶瓷层的物相组成

3. 脉冲频率变化对陶瓷层相结构的影响

图2.17所示为硅酸盐体系不同脉冲频率下制备微弧氧化陶瓷层的XRD谱图,陶瓷层制备工艺参数见表2.3。研究表明,微弧氧化陶瓷层主要由单斜相氧化锆(m-ZrO$_2$)和少部分四方相氧化锆(t-ZrO$_2$)组成,脉冲频率变化对微弧氧化陶瓷层的物相结构组成没有显著影响。

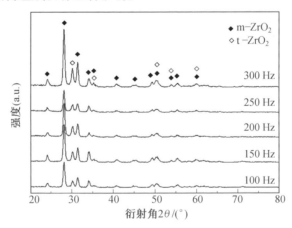

图2.17　硅酸盐体系不同脉冲频率下制备微弧氧化陶瓷层的XRD谱图

图2.18所示为硅酸盐体系不同脉冲频率下微弧氧化陶瓷层的物相组成。研究表明,随着脉冲频率从100 Hz增加到300 Hz,m-ZrO$_2$体积分数分布在

80.1% ~85.5%之间,m-ZrO$_2$体积分数从80.1%迅速增加到85.5%。这主要由
于在恒定电压模式下,脉冲频率直接影响单个脉冲持续放电的时间,最终决定单
个脉冲的放电能量。因此,随着脉冲频率的增加,占空比减小,单个脉冲的放电
能量降低,微弧放电通道减小,抑制陶瓷层的增长以及低温亚稳相向高温稳定相
的转变,导致 m-ZrO$_2$含量增加,t-ZrO$_2$含量降低。

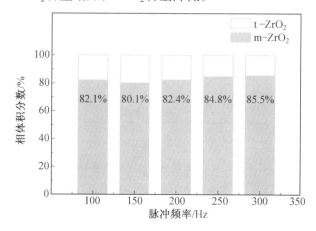

图 2.18   硅酸盐体系不同脉冲频率下微弧氧化陶瓷层的物相组成

4. Na$_2$SiO$_3$质量浓度变化对陶瓷层 XRD 的影响

图 2.19 所示为硅酸盐体系不同 Na$_2$SiO$_3$质量浓度下制备微弧氧化陶瓷层的
XRD 谱图,陶瓷层制备工艺参数见表2.4。研究表明,Na$_2$SiO$_3$质量浓度对陶瓷层
的物相结构没有显著影响,主要由单斜相氧化锆(m-ZrO$_2$)和部分四方相氧化锆
(t-ZrO$_2$)组成。随着 Na$_2$SiO$_3$质量浓度的增加,t-ZrO$_2$的特征衍射峰强度有所增
大,而 m-ZrO$_2$衍射峰的强度减弱。

图 2.20 所示为硅酸盐体系不同 Na$_2$SiO$_3$质量浓度下微弧氧化陶瓷层的物相
组成。研究表明,随着 Na$_2$SiO$_3$质量浓度在8 ~ 16 g·L^{-1}范围增加时,微弧氧化陶
瓷层中 m-ZrO$_2$体积分数呈降低趋势,由81.8%降低至67.6%。电解液的电导率
是影响微弧氧化陶瓷层物相组成的主要因素之一。微弧氧化过程中会产生无规
则分布的微火花放电诱导等离子体以及氧化反应热量形成的局部瞬时高温,导
致氧化物熔融并经历骤热骤冷式微区热循环,同时伴随局部区域氧化物陶瓷层
重熔和快速凝固,最终导致非平衡态氧化锆陶瓷层生长。随着 Na$_2$SiO$_3$质量浓度
增加,氢化锆合金阳极附近的 SiO$_3^{2-}$和 OH$^-$浓度升高,加剧了在氢化锆合金阳极
表面区域的放电特性,氢化锆表面能量密度增大,反应温度升高。t-ZrO$_2$属于高

温相,反应温度升高有利于高温相 t-ZrO$_2$ 的形成,主要是由于高温相在微弧氧化电解液中处于快速冷却条件,来不及发生相转变而被保存下来。

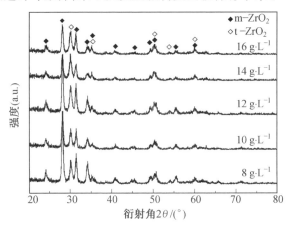

图 2.19　硅酸盐体系不同 Na$_2$SiO$_3$ 质量浓度下制备微弧氧化陶瓷层的 XRD 谱图

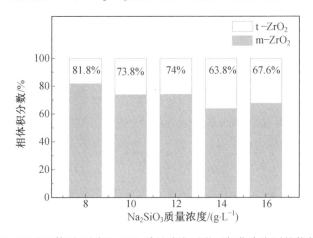

图 2.20　硅酸盐体系不同 Na$_2$SiO$_3$ 质量浓度下微弧氧化陶瓷层的物相组成

2.3.2　工艺参数对微弧氧化陶瓷层微观组织的影响

1. 正向电压变化对陶瓷层形貌的影响

图 2.21 所示为硅酸盐体系不同正向电压下微弧氧化陶瓷层的截面微观组织形貌,陶瓷层制备工艺参数见表 2.1。研究表明,氧化锆陶瓷层整体由内部致密层和外部疏松层构成,二者之间无明显界面。内部致密层均匀致密,无孔洞裂纹等缺陷,与基体之间属于冶金结合,是决定陶瓷层结合力的主要部位;外部疏松层存在许多放电通道形成的微孔和微裂纹等缺陷。电压为 325 V 时形成的陶

瓷层较薄,但陶瓷层较致密,与基体结合良好;电压为 425 V 时形成的陶瓷层截面上存在几乎贯通整个陶瓷层的裂纹且陶瓷层较疏松。可见,硅酸盐体系中,正向电压过高虽然能减少陶瓷层表面的孔洞,但会造成陶瓷层的疏松以及裂纹的出现。

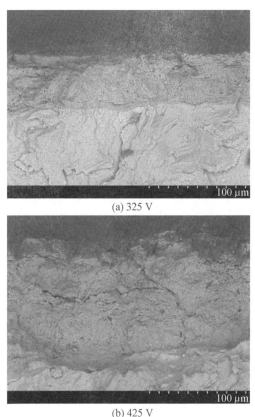

(a) 325 V

(b) 425 V

图 2.21　硅酸盐体系不同正向电压下微弧氧化陶瓷层的截面微观组织形貌

　　图 2.22 所示为硅酸盐体系不同正向电压下微弧氧化陶瓷层的表面微观组织形貌。研究表明,当电压较低时,陶瓷层表面存在较大的孔洞且分布较均匀,当电压较高时,孔洞有所减少,且陶瓷层表面存在明显的裂纹。微孔是微弧氧化过程中溶液与氢化锆基体的反应通道及熔融氧化物的喷出通道。陶瓷层表面气泡与液相截面为准阴极,而气泡另一端为阳极,它们之间的高电场强度导致火花放电,所以等离子体的产生一般发生在气孔等缺陷部位。当等离子体在微孔中放电时,微孔内温度可在较短时间内达到 2 000 K 以上,基体熔融并与氧的等离子体反应生成熔融态氧化锆。另外,等离子体放电使微孔内压强高达 100 MPa,

当遇到电解液时微孔将处于收缩状态,所以微孔内熔融氧化物会沿着放电通道喷出,在电解液的"液淬"作用下快速凝固,火山口及排出物在火山口边缘位置形成凝固的痕迹。以硅酸盐为主盐的电解液体系中陶瓷层主要以外生长为主,大量熔融物在高温、高压的作用下迅速通过火山口状的放电通道,堆积在微孔周围,迅速形成粗糙的氧化膜。当正向电压为 325 V 时,由于电压相对较低,氧化反应较为平缓,陶瓷层生长较慢,因此陶瓷层孔径最小;当正向电压增大到 425 V 时,由于电压的加大,氧化反应变得剧烈,微弧电效应变得非常剧烈,同一部位会有多次放电的现象,使放电通道的孔径变大,粒径较大的熔融物随之喷出,使其表面粗糙,起伏不均匀,厚度也不均匀。局部微裂纹的存在是由高温熔融氧化物在电解液的快速冷却下热应力过大导致。

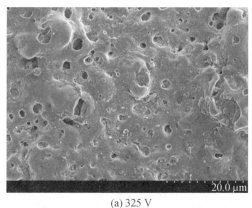

(a) 325 V

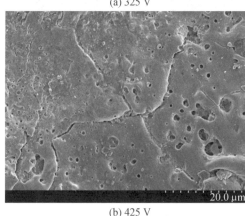

(b) 425 V

图 2.22   硅酸盐体系不同正向电压下微弧氧化陶瓷层的表面微观组织形貌

2. 负向电压变化对陶瓷层形貌的影响

图 2.23 所示为硅酸盐体系不同负向电压下微弧氧化陶瓷层的截面微观组

织形貌,陶瓷层制备工艺参数见表 2.2。研究表明,微弧氧化陶瓷层整体可分为
内部致密层、过渡层和外部疏松层三部分。过渡层是基体与微弧氧化陶瓷层之
间的微区冶金结合界面;内部致密层为少缺陷、少气孔层,连接界面层和外部疏
松层;外部疏松层是疏松多孔层。在陶瓷层中垂直孔和球形孔(孔尺寸小)内产
生持续的微弧放电,促进外层疏松多孔层的生长。当负向电压为 120 V 时,微弧
氧化陶瓷层的厚度约为 40 μm,远小于负向电压为 160 V 时的陶瓷层厚度(约为
80 μm)。相比而言,当负向电压为 160 V 时陶瓷层与基体结合稍差,陶瓷层致密
性与负向电压为 120 V 时基本相近。可见,负向电压对陶瓷层致密性和结合力
具有重要影响。通过调节正负脉冲电流的比值可以迅速将放电电压降到击穿电
压以下,有效减少了放电过程中对陶瓷层的破坏,提高了陶瓷层的致密性。

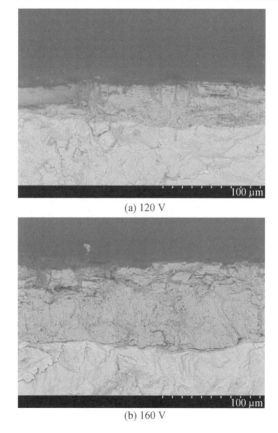

(a) 120 V

(b) 160 V

图 2.23 硅酸盐体系不同负向电压下微弧氧化陶瓷层的截面微观组织形貌

图 2.24 所示为硅酸盐体系不同负向电压下微弧氧化陶瓷层的表面微观组
织形貌。研究表明,不同负向电压的陶瓷层表面均为典型多孔、火山口状凸起形

貌,微弧氧化陶瓷层表面火山口状的熔融结构的形成主要是由负向脉冲的冷却和溶解导致。当负向电压较低时,陶瓷层放电孔洞密集且孔径尺寸较小;随着负向电压增大,放电孔洞呈较大趋势,且出现细小的裂纹。负向电压为160 V时,陶瓷层表面的孔洞增大表明负向电压的升高对电弧的击穿作用有一定的加强。

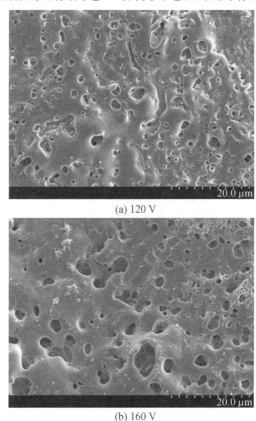

(a) 120 V

(b) 160 V

图 2.24　硅酸盐体系不同负向电压下微弧氧化陶瓷层的表面微观组织形貌

3. 脉冲频率变化对陶瓷层形貌的影响

图 2.25 所示为硅酸盐体系不同脉冲频率下微弧氧化陶瓷层的截面微观组织形貌,陶瓷层制备工艺参数见表 2.3。研究表明,当脉冲频率为 100 Hz 时陶瓷层厚度约为 150 μm,远大于 300 Hz 时的陶瓷层厚度 50 μm。不同脉冲频率下的陶瓷层质量相近,都存在一定的孔洞,且均与基体结合良好。结合陶瓷层的阻氢性能可知,当陶瓷层的致密性与基体的结合情况相近时,陶瓷层厚度成为影响阻氢性能的主要因素。通过比较两种陶瓷层的截面形貌可知,硅酸盐体系电解液中脉冲频率的变化对陶瓷层厚度影响比较显著,但对陶瓷层质量和与基体的结

合情况并无显著影响。单位脉冲放电能量决定了涂层的生长效率、物相成分和微纳米孔的形态演变。一般情况下,随着脉冲频率增大或占空比减小,单位脉冲放电能量降低;陶瓷层表面和内部的微纳米孔越小,粗糙度越低,厚度也越低,且会减少连通孔和长裂纹,孔隙率下降。随着脉冲频率降低,单位脉冲放电能量增加,使每次击穿过程中产生熔融氧化物的量增大,有利于涂层快速生长,但放电通道冷却凝固后,留下的微纳米孔的孔径增加,导致外部疏松层的粗糙度增加和致密度下降。

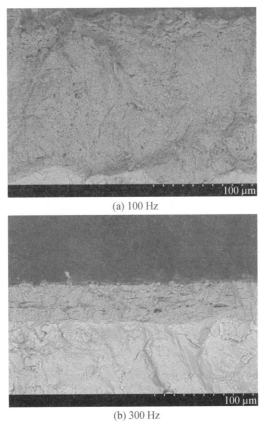

(a) 100 Hz

(b) 300 Hz

图 2.25 硅酸盐体系不同脉冲频率下微弧氧化陶瓷层的截面微观组织形貌

图 2.26 所示为硅酸盐体系不同脉冲频率下微弧氧化陶瓷层的表面微观组织形貌。研究表明,脉冲频率对陶瓷层表面组织形貌具有显著影响,宏观上表现为对粗糙度的影响。当脉冲频率为 100 Hz 时,微弧氧化陶瓷层表面微孔孔径整体分布在 2~4 μm;当脉冲频率为 300 Hz 时,陶瓷层表面微孔孔径整体小于 1 μm,陶瓷层表面形貌表现为粗糙度减小。在高温高压下,微区持续放电,涂层

中形成放电通道,熔融氧化物中溶解氧的浓度显著增加,而且在放电过程中,产生的氧气很可能被滞留在局部放电附近的熔融氧化层中。当熔融物迅速冷却时,氧气释放并通过氧化层流通、逃逸,从而形成细小连通的微纳米孔洞。当脉冲频率较低时,单位脉冲能量增大,作用在陶瓷层的能量密度高,存在大孔洞;当脉冲频率较高时,陶瓷层表面稍显粗糙,孔洞比较细小。可见硅酸盐体系中随着脉冲频率的升高,陶瓷层表面孔洞减少,且变得细小。

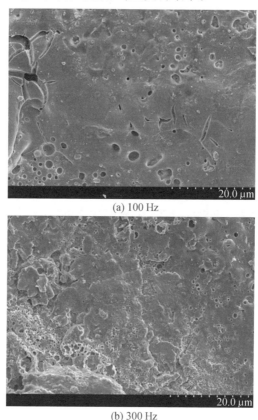

(a) 100 Hz

(b) 300 Hz

图 2.26   硅酸盐体系不同脉冲频率下微弧氧化陶瓷层的表面微观组织形貌

4. Na_2SiO_3 质量浓度变化对陶瓷层形貌的影响

图 2.27 所示为硅酸盐体系不同 Na_2SiO_3 质量浓度下微弧氧化陶瓷层的截面微观组织形貌,陶瓷层制备工艺参数见表 2.4。研究表明,当 Na_2SiO_3 质量浓度为 10 g · L^{-1} 时的陶瓷层与基体结合情况优于 Na_2SiO_3 质量浓度为 16 g · L^{-1} 时的陶瓷层与基体结合情况,且截面上的孔洞也比较少。可见,硅酸盐电解液体系中随

着 Na$_2$SiO$_3$ 质量浓度的增加,陶瓷层与基体的结合逐渐变差,陶瓷层的致密性也有所降低。微弧氧化过程非常复杂,受多种因素影响,且涉及材料学、电弧物理、电化学、电力电子和控制系统等多个领域和学科。在微弧氧化陶瓷层内部发生的熔融氧化和冷凝过程所产生的气体必须有相应的溢出通道,当作用在微弧氧化陶瓷层中的能量密度较大时,表面放电微孔孔径会增大,同时截面更易产生疏松层。Skeldon 等基于高分辨率 X 射线计算机断层成像技术定性研究微弧氧化陶瓷层孔洞的分布、尺寸和形态特征,如图 2.28 和图 2.29 所示。研究表明,厚度较大的涂层区域与涂层表面上的结节、孔径和氧化层厚度有关。另外,揭示了结节下面孔的连通性,有效鉴定直接向涂层表面开放的通孔和终止于涂层表面的盲孔,更直观地佐证了孔洞是由熔融涂层中放电通道内释放的氧气形成的。通过控制微弧氧化工艺参数和优化电解液配方,可实现对截面致密度和缺陷有效调控。

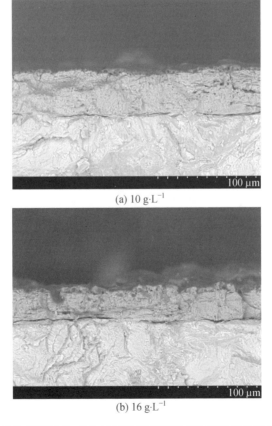

(a) 10 g·L^{-1}

(b) 16 g·L^{-1}

图 2.27　硅酸盐体系不同 Na$_2$SiO$_3$ 质量浓度下微弧氧化陶瓷层的截面微观组织形貌

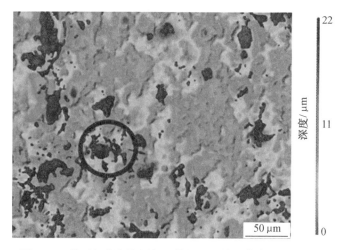

图 2.28　微弧氧化陶瓷层与基体界面区域的等高线（彩图见附录）

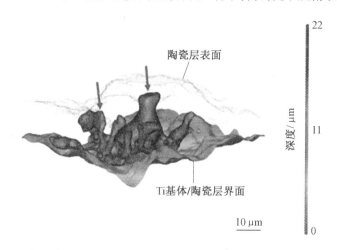

图 2.29　微弧氧化陶瓷层火山状孔隙的高分辨率 X 射线计算机断层成像（彩图见附录）

　　图 2.30 所示为硅酸盐体系不同 Na_2SiO_3 质量浓度下微弧氧化陶瓷层的表面微观组织形貌。研究表明，Na_2SiO_3 质量浓度对陶瓷层表面粗糙度具有一定影响。当 Na_2SiO_3 质量浓度较低时，陶瓷层表面平整光滑，表面由少量直径为微米级大小的放电微孔组成；当 Na_2SiO_3 质量浓度较高时，陶瓷层表面出现火山口式孔洞，孔洞周围有熔融液体不完全流淌的痕迹，严重影响陶瓷层质量。可见，当 Na_2SiO_3 质量浓度过高时，陶瓷层表面会有大电弧击穿的现象，造成陶瓷层质量严重下降。微弧氧化陶瓷层表面粗糙度增大的主要原因是，随着陶瓷层厚度的增加，其表面的阻抗值增大，为了维持恒定电流，只能通过提高电压去实现，从而导致单脉冲能量增大。因此，在每一个脉冲周期内，随着单个脉冲能量增加，陶瓷层在

击穿放电时产生的熔融物体积增加,熔融物经"液淬"后凝固形成的熔融颗粒也较大,导致放电通道冷凝后留下的微孔孔径增大,当 Na_2SiO_3 质量浓度为 $10\ g\cdot L^{-1}$ 时,微弧氧化陶瓷层表面微孔孔径整体分布在 $1\sim2\ \mu m$ 范围内,当 Na_2SiO_3 质量浓度为 $16\ g\cdot L^{-1}$ 时,陶瓷层表面微孔孔径已接近 $6\ \mu m$,陶瓷层表面粗糙度增大。

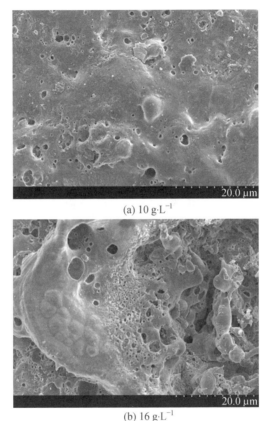

(a) 10 g·L⁻¹

(b) 16 g·L⁻¹

图 2.30　硅酸盐体系不同 Na_2SiO_3 质量浓度下微弧氧化陶瓷层的表面微观组织形貌

5. 陶瓷层截面 EDS 扫描分析

图 2.31 所示为硅酸盐体系 Na_2SiO_3 质量浓度为 $10\ g\cdot L^{-1}$ 时微弧氧化陶瓷层的截面 SEM 能谱。研究表明,硅酸盐体系微弧氧化制备氧化锆陶瓷层厚度约为 $60\ \mu m$,整体符合外延生长的特点,氧化锆陶瓷层可以分为过渡层、致密层、疏松层三部分。靠外侧的疏松层存在多孔,并且存在明显的大尺寸孔洞等缺陷;过渡层厚度约为 $30\ \mu m$;致密层均匀与基体犬牙交错相互渗透,无明显的分层界面,与

基体以冶金方式结合。在微弧氧化初期,SiO_3^{2-} 等离子在电场的作用下吸附于氢化锆表面为等离了体的产生创造了条件,陶瓷颗粒接在基体表面生长,在等离子体放电产生高能量的作用下熔融,因此陶瓷层与基体以冶金方式结合。微弧氧化处理的过程中,开始时陶瓷层较薄容易被击穿,随着氧化时间的延长陶瓷层逐渐增厚,陶瓷层被击穿困难导致陶瓷层致密性下降,所以致密层靠近基体且较外层致密。Zr 元素是氢化锆基体元素,O 元素主要来自电解液。Zr、O 元素浓度沿着陶瓷层截面线扫描方向呈不同的分布状况,Zr 元素在基体中含量高于陶瓷层中含量,而在陶瓷层表面附近 Zr 元素含量明显低于陶瓷层 Zr 元素含量;O 元素分布状况与 Zr 元素相反,在基体中含量最少,陶瓷层次之,陶瓷层表面附近含氧量最多。这主要是由于随着氧化锆陶瓷层厚度的增加,陶瓷层很难被击穿,放电通道的数量和孔径逐渐减小,基体中 Zr 元素难以在电场的作用下向溶液方向迁移,而溶液中的 O 元素难以向陶瓷层内部迁移。另外,除了基体元素 Zr 和溶液元素 O 外,未发现 Si、Na 等溶液元素出现,可能由于在恒压模式下双极性脉冲电源制备陶瓷层较致密,电解液中 SiO_3^{2-}、Na^+ 等不易通过放电通道进入陶瓷层内,导致电解液中的相关离子没有参与反应。尽管 SiO_3^{2-}、Na^+ 等溶液离子在微弧氧化过程中没有直接参与反应,但能有效改善电解液的导电性,与磷酸盐和铝酸盐等电解液体系相比具有更好的导电性,能有效降低起弧电压。

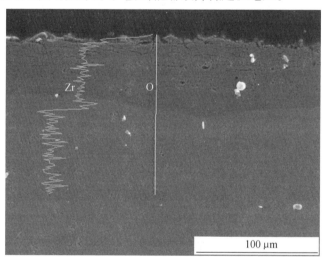

图 2.31　硅酸盐体系 Na_2SiO_3 质量浓度为 $10\ g\cdot L^{-1}$ 时微弧氧化陶瓷层的截面 SEM 能谱

2.3.3　工艺参数对微弧氧化陶瓷层阻氢渗透性能的影响

1. 正向电压变化对陶瓷层氢渗透降低因子的影响

本节采用真空放氢试验对氢化锆表面微弧氧化陶瓷层的阻氢渗透性能进行分析,具体试验方法为:将氢化锆试样在真空度为 1×10^{-4} Pa 的真空环境中,温度为650 ℃保温 50 h,然后通过测量试样的失氢量来评价氢化锆表面微弧氧化陶瓷层的阻氢效果。氢化锆表面微弧氧化陶瓷层的阻氢效果采用氢渗透降低因子(Permeation Reduction Factor,PRF)表述:

$$\mathrm{PRF_i} = \Delta w_0 / \Delta w_i \tag{2.4}$$

式中　Δw_0——无氧化膜经放氢试验后试样的失氢质量;

　　　Δw_i——有氧化膜经放氢试验后试样的失氢质量。

氢化锆在高温下存在 $\mathrm{ZrH}_X \xrightarrow{650 \sim 750℃} \mathrm{Zr} + X/2\mathrm{H_2}$ 反应平衡问题。为验证称重法计算锆原子比的合理性,本节选取 $n(\mathrm{H})/n(\mathrm{Zr})$ 为 1.896 5 的氢化锆合金材料进行高温脱氢评价试验。基于脱氢试验计算获得 $n(\mathrm{H})/n(\mathrm{Zr})$ 为 1.896 3,与称重法获得的 $n(\mathrm{H})/n(\mathrm{Zr})$ 基本一致;同时,对脱氢后的锆合金中氢含量送检分析,得到脱氢后锆合金中氢质量分数均值为20%。基于上述验证,可认为本节基于称重法计算 $n(\mathrm{H})/n(\mathrm{Zr})$ 科学合理。图2.32 所示为陶瓷层阻氢渗透性能随正向电压的变化曲线,陶瓷层制备工艺参数见表2.1。研究表明,陶瓷层的氢渗透降低因子整体随正向电压的升高而增大。在正向电压由 325 V 增加到 350 V 的过程中,PRF 由 3.5 增至 7.1,这可能是由正向电压的升高,导致陶瓷层增厚,且陶瓷层与基体结合状态较好引起的。

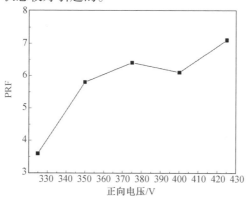

图2.32　陶瓷层阻氢渗透性能随正向电压的变化曲线

2. 负向电压变化对陶瓷层氢渗透降低因子的影响

图 2.33 所示为陶瓷层阻氢渗透性能随负向电压的变化曲线,陶瓷层制备工艺参数见表 2.2。研究表明,PRF 随负向电压的升高而降低,负向电压由 120 V 升高到 160 V 的过程中,PRF 由 9.8 下降至 7.6。随负向电压的升高,陶瓷层厚度不断降低,陶瓷层阻氢渗透性能随之下降,其中过高的负向电压击穿陶瓷层造成的陶瓷层崩裂也是造成阻氢渗透性能下降的一个原因。从图 2.31 中也可以看出,负向电压较低时,陶瓷层与基体的结合情况较好,所以低负向电压制得的陶瓷层具有优异的阻氢渗透性能。

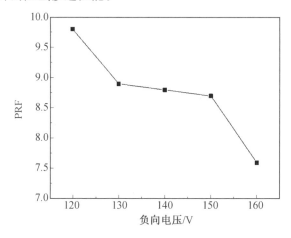

图 2.33　陶瓷层阻氢渗透性能随负向电压的变化曲线

3. 脉冲频率变化对陶瓷层氢渗透降低因子的影响

图 2.34 所示为陶瓷层阻氢渗透性能随脉冲频率的变化曲线,陶瓷层制备工艺参数见表 2.3。研究表明,随着脉冲频率由 100 Hz 升高至 300 Hz,微弧氧化陶瓷层的阻氢渗透性能呈逐渐升高趋势,PRF 由 8.3 升高到 10.6。当脉冲频率为 100 Hz 时,陶瓷层表面微弧放电孔洞直径较大,孔洞周围有熔融液体流淌的痕迹,导致陶瓷阻氢渗透性能较差。当脉冲频率为 300 Hz 时,微弧氧化陶瓷层表面孔洞较小,陶瓷层较为致密,故而阻氢渗透性能较好。由图 2.14 可以看出,脉冲频率为 300 Hz 时陶瓷层与基体结合紧密且没有明显的缺陷,明显优于脉冲频率为 100 Hz 时陶瓷层与基体的结合,所以脉冲频率为 300 Hz 时制得的陶瓷层具有较优异的阻氢渗透性能。

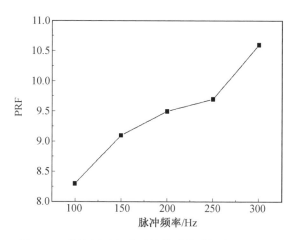

图 2.34　陶瓷层阻氢渗透性能随脉冲频率的变化曲线

4. Na₂SiO₃质量浓度变化对陶瓷层氢渗透降低因子的影响

图 2.35 所示为陶瓷层阻氢渗透性能随 Na_2SiO_3 质量浓度的变化曲线,陶瓷层制备工艺参数见表 2.4。研究表明,当 Na_2SiO_3 质量浓度为 8 g·L^{-1} 时,形成的陶瓷层的 PRF 最大为 10.8,表明该质量浓度电解液体系中形成的微弧氧化陶瓷层的阻氢渗透性能最好,主要归因于在该质量浓度电解液体系下形成了厚度适中且较致密的陶瓷层。随着 Na_2SiO_3 质量浓度的继续增大,陶瓷层的阻氢渗透性能下降,当质量浓度达到14 g·L^{-1} 时,所制得陶瓷层的 PRF 小到8.5。电解液中 Na_2SiO_3 质量浓度过大,陶瓷层的厚度减小,同时加载到陶瓷层表面的能量提高使击穿时形成的放电微孔较大,因此陶瓷层的致密性下降,阻氢渗透性能随之降

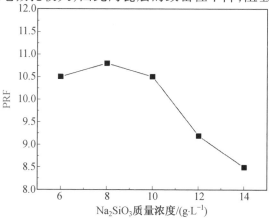

图 2.35　陶瓷层阻氢渗透性能随 Na_2SiO_3 质量浓度的变化曲线

低。陶瓷层的阻氢渗透性能主要取决于陶瓷层厚度及致密性,陶瓷层越致密,且厚度越大,其阻氢效果越好。电解液质量浓度为 8 g·L^{-1} 时,形成的陶瓷层厚度适中,且其致密层在整个陶瓷层中所占的比例较大,因此该质量浓度电解液形成的陶瓷层阻氢性能最好。

本章参考文献

[1] 王志刚. 基于正交试验的氢化锆表面微弧氧化陶瓷层制备工艺研究[D]. 呼和浩特: 内蒙古工业大学, 2019.

[2] WANG Z G, CHEN W D, YAN S F, et al. Characterization of ZrO_2 ceramic coatings on $ZrH_{1.8}$ prepared in different electrolytes by micro-arc oxidation[J]. Rare Metals, 2022, 41(3): 1043-1050.

[3] 钟学奎. 微弧氧化法制备氢化锆表面防氢渗透层[D]. 呼和浩特: 内蒙古工业大学, 2012.

[4] NOMINE A, TROUGHTON S C, NOMINÉA V, et al. High speed video evidence for localised discharge cascades during plasma electrolytic oxidation[J]. Surface and Coatings Technology, 2015, 269: 125-130.

[5] 王萍, 刘道新, 李建平, 等. Mg-Gd-Y 系合金微弧氧化层生长机制及耐蚀性研究[J]. 稀有金属材料与工程, 2011, 40(6): 995-999.

[6] 闫淑芳, 刘向东, 陈伟东, 等. 硅酸盐体系电解液浓度对 $ZrH_{1.8}$ 表面微弧氧化陶瓷层的影响[J]. 稀有金属材料与工程, 2015, 44(10): 2561-2565.

[7] 王志刚, 陈伟东, 闫淑芳, 等. Na_2SiO_3 溶液体系 $ZrH_{1.8}$ 表面微弧氧化陶瓷层的研究[J]. 稀有金属材料与工程, 2015, 44(3): 718-722.

[8] GUAN C, WAN C, SHAN Y, et al. Ceramic coating on 2024 alloy by micro-arc oxidation in Na_2ZrF_6-KOH solution[J]. Rare Metal Materials and Engineering, 2008, 37(1): 179-182.

[9] XUE W B, JIN Q, ZHU Q Z, et al. Preparation and properties of ceramic coating formed by microarc oxidation on zirconium alloy[J]. Transactions of Materials and Heat Treatment, 2010, 31(2): 119-122.

[10] ZHANG R F, ZHANG S F, XIANG J H, et al. Influence of sodium silicate concentration on properties of micro arc oxidation coatings formed on AZ91HP

magnesium alloys [J]. Surface & Coatings Technology, 2012, 206:
5072-5079.

[11] 张华, 李帅, 何迪, 等. 厚度对氧化铝陶瓷层氢渗透性能的影响[J]. 功能
材料, 2016, 47(11): 11141-11144.

[12] LIU Y J, XU J Y, LIN W, et al. Effects of different electrolyte systems on the
formation of micro-arc oxidation ceramic coatings of 6061 aluminum alloy[J].
Reviews on Advanced Materials Science, 2013, 33(2): 126-130.

[13] ZAJEC B J, NEMANIC V, RUSET C. Hydrogen diffusive transport parameters
in W coating for fusion applications [J]. Journal of Nuclear Materials, 2011,
412(1): 116-122.

[14] 王巧霞. 镁合金微弧氧化微区放电机理研究[D]. 兰州: 兰州理工大
学, 2009.

[15] 王树棋, 王亚明, 邹永纯, 等. 微弧氧化陶瓷层微纳米孔调控及功能化应
用研究进展[J]. 表面技术, 2021, 50(6): 1-22.

[16] ZHANG X, ALLASGHARI S, NEMCOVA A, et al. X-ray computed
tomographic investigation of the porosity and morphology of plasma electrolytic
oxidation coatings[J]. ACS Applied Materials & Interfaces, 2016, 8(13):
8801-8810.

[17] 冯宴荣, 周亮, 贾宏耀, 等. 医用镁合金微弧氧化工艺研究进展[J]. 表面
技术, 2023, 52(7): 11-24.

第 3 章　磷酸盐体系氢化锆表面
微弧氧化防氢渗透层的试验研究

3.1　工艺参数对氢化锆表面微弧氧化陶瓷层厚度的影响

3.1.1　正向电压对陶瓷层厚度的影响

以多聚磷酸钠、氢氧化钠和 EDTA 二钠配制磷酸盐体系电解液,其中多聚磷酸钠作为电解液的主要成膜组分,加入氢氧化钠调节溶液 pH 值,EDTA 二钠作为溶液稳定剂。本节试验选取负向电压为 140 V,脉冲频率为 200 Hz,研究正向电压在 325 ~ 425 V 范围内变化对氢化锆表面微弧氧化陶瓷层厚度的影响。磷酸盐体系正向电压为单因素变量的微弧氧化工艺参数见表 3.1。

表 3.1　磷酸盐体系正向电压为单因素变量的微弧氧化工艺参数

序号	正向电压 /V	负向电压 /V	脉冲频率 /Hz	电解液配比/$(g \cdot L^{-1})$		
				$Na_5P_3O_{10}$	NaOH	EDTA 二钠
1	325					
2	350					
3	375	140	200	12	1.5	2
4	400					
5	425					

图 3.1 所示为磷酸盐体系下正向电压对微弧氧化陶瓷层厚度的影响。研究表明,陶瓷层厚度随着正向电压的升高呈逐渐增加趋势,当正向电压在 325 ~ 425 V 的变化范围内时,陶瓷层厚度由 43 μm 增加至 54 μm。相对而言,正向电压对氢化锆表面微弧氧化层厚度的影响并不明显。原因是随着正向电压升高,微弧氧化脉冲能量增大,等离子体具有足够的能量将已形成的氧化膜击穿,从而在氧化膜中形成通道,使氢化锆基体能继续被氧化,氧化膜厚度增大。

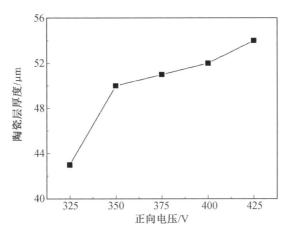

图 3.1　磷酸盐体系下正向电压对微弧氧化陶瓷层厚度的影响

3.1.2　负向电压对陶瓷层厚度的影响

　　图 3.2 所示为磷酸盐体系下负向电压对微弧氧化陶瓷层厚度的影响,磷酸盐体系负向电压为单因素变量的微弧氧化工艺参数见表 3.2。研究表明,随着负向电压的升高,陶瓷层厚度逐渐下降,当负向电压由 120 V 升高至 160 V 时,陶瓷层厚度由 67.5 μm 降低至 62 μm。这主要是由于较高的负向电压可以促进陶瓷层的击穿,提高微弧区温度,从而造成大的烧穿孔径,孔径的周围会出现陶瓷层的脱落,随着负向电压升高导致陶瓷层的减薄。依据图 2.24(a)可以看出,当负向电压为 120 V 时,陶瓷层平整有轻微裂纹,当负向电压升高至 160 V 时,陶瓷层剥落严重,表层疏松。在微弧氧化过程中,氢化锆表面氧化物陶瓷层的生长过程实质为绝缘陶瓷层高压击穿、放电通道扩大、通道内反应形成氧化铝、高压下熔融物“喷射-冷却-凝固-烧结-相变”形成致密层和疏松。负向电压加载时主要通过电子电流导电,对陶瓷层的生长不起直接作用,但能强化正向电压的击穿与物质输送作用,对陶瓷层厚度的增加起到很大的促进作用,而正向电压的加载主要是以离子导电为主,其作用主要是物质的运送,二者的相互结合有效调控致密氧化陶瓷层的形成过程。

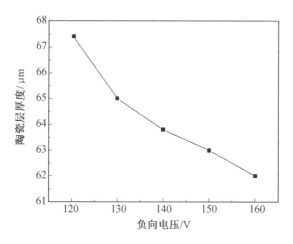

图 3.2　磷酸盐体系下负向电压对微弧氧化陶瓷层厚度的影响

表 3.2　磷酸盐体系负向电压为单因素变量的微弧氧化工艺参数

序号	正向电压 /V	负向电压 /V	脉冲频率 /Hz	电解液配比/(g·L⁻¹)		
				$Na_5P_3O_{10}$	NaOH	EDTA 二钠
1		120				
2		130				
3	425	140	200	12	1.5	2
4		150				
5		160				

3.1.3　脉冲频率对陶瓷层厚度的影响

图 3.3 所示为磷酸盐体系下脉冲频率对微弧氧化陶瓷层厚度的影响,磷酸盐体系脉冲频率为单因素变量的微弧氧化工艺参数见表 3.3。研究表明,随着脉冲频率的升高,陶瓷层厚度逐渐下降。当脉冲频率由 100 Hz 升高到 300 Hz 时,陶瓷层厚度由 50 μm 减少至 46 μm,整个过程中陶瓷层厚度的减少并不明显,可见脉冲频率的变化对陶瓷层厚度的影响不大。陶瓷层厚度的减薄是因为在脉冲频率较低的情况下,单个脉冲的能量较大,能够击穿较厚的陶瓷层使陶瓷层继续生长,而脉冲频率较高时单个脉冲的能量较小,能够击穿的陶瓷层较薄。有文献指出,在高频下电弧细小,陶瓷层生长快,获得的陶瓷层表面平整致密,存在分布均匀的细小孔洞,而在低频时电弧较大,陶瓷层生长较慢,获得的陶瓷层表面存

在大电弧击穿陶瓷层后残留下的孔洞,试样易被烧损。

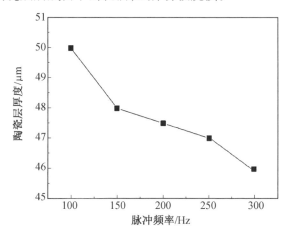

图 3.3　磷酸盐体系下脉冲频率对微弧氧化陶瓷层厚度的影响

表 3.3　磷酸盐体系脉冲频率为单因素变量的微弧氧化工艺参数

序号	正向电压 /V	负向电压 /V	脉冲频率 /Hz	电解液配比/$(g \cdot L^{-1})$		
				$Na_5P_3O_{10}$	NaOH	EDTA 二钠
1			100			
2			150			
3	425	140	200	12	1.5	2
4			250			
5			300			

3.1.4　$Na_5P_3O_{10}$ 质量浓度对陶瓷层厚度的影响

图 3.4 所示为磷酸盐体系下 $Na_5P_3O_{10}$ 质量浓度对微弧氧化陶瓷层厚度的影响,$Na_5P_3O_{10}$ 质量浓度为单因素变量的微弧氧化工艺参数见表 3.4。研究表明,随着 $Na_5P_3O_{10}$ 质量浓度在 14 ~ 22 g·L^{-1} 范围内逐渐升高,陶瓷层厚度整体呈增大趋势,陶瓷层厚度由 45 μm 增加到 160 μm,可见 $Na_5P_3O_{10}$ 质量浓度在此范围内对微弧氧化陶瓷层的厚度具有显著影响。这是因为随着 $Na_5P_3O_{10}$ 质量浓度的升高,溶液中电离出的正负离子浓度均逐渐升高,电解液的导电性增强,能够击穿更厚的陶瓷层,使陶瓷层进一步生长。

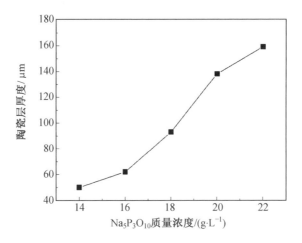

图 3.4　磷酸盐体系下 $Na_5P_3O_{10}$ 质量浓度对微弧氧化陶瓷层厚度的影响

表 3.4　$Na_5P_3O_{10}$ 质量浓度为单因素变量的微弧氧化工艺参数

序号	正向电压/V	负向电压/V	脉冲频率/Hz	电解液配比/$(g·L^{-1})$		
				$Na_5P_3O_{10}$	NaOH	EDTA 二钠
1				14		
2				16		
3	350	140	200	18	1.5	2
4				20		
5				22		

3.2　氢化锆表面微弧氧化陶瓷层组织结构与性能

3.2.1　工艺参数对微弧氧化陶瓷层物相组成的影响

1. 正向电压变化对陶瓷层相结构的影响

图 3.5 所示为磷酸盐体系不同正向电压下微弧氧化陶瓷层的 XRD 谱图,微弧氧化工艺参数见表 3.1。研究表明,微弧氧化陶瓷层主要由单斜相氧化锆 ($m-ZrO_2$)和小部分四方相氧化锆($t-ZrO_2$)组成。随着正向电压的升高,陶瓷层的组分并未发生变化,依然是由单斜相氧化锆和四方相氧化锆组成,可见正向电压的变化对陶瓷层的物相组成并无明显影响。

图 3.6 所示为磷酸盐体系不同正向电压下微弧氧化陶瓷层的物相组成。从图中可以看出,正向电压对物相组成具有显著影响,随着正向电压由 325 V 增加至 425 V,m-ZrO_2 体积分数由 70.1% 升高至 81.6%,t-ZrO_2 体积分数由 29.9% 降低至约 20%。其中,四方相晶型氧化锆形成温度在 1 100 ℃ 以上,属于亚稳态高温相,m-ZrO_2 是低温稳定相。氧化锆陶瓷层中存在四方相的可能原因是微弧氧化反应瞬间温度很高形成 t-ZrO_2,由于是在电解液中反应,形成的 t-ZrO_2 遇到电解液,温度骤降,部分四方相来不及转化为单斜相而得以留存,所以陶瓷层中四方相和单斜相共存。相比而言,在硅酸盐体系,随着正向电压的增加,t-ZrO_2 呈增加趋势。

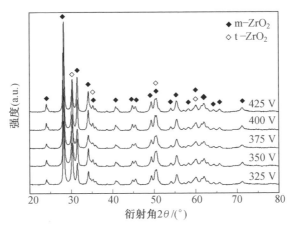

图 3.5　磷酸盐体系不同正向电压下微弧氧化陶瓷层的 XRD 谱图

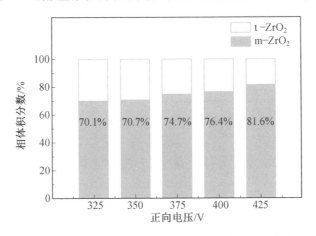

图 3.6　磷酸盐体系不同正向电压下微弧氧化陶瓷层的物相组成

2. 负向电压变化对陶瓷层相结构的影响

图 3.7 所示为磷酸盐体系不同负向电压下微弧氧化陶瓷层的 XRD 谱图,微弧氧化工艺参数见表 3.2。研究表明,陶瓷层主要由单斜相氧化锆($m-ZrO_2$)和部分四方相氧化锆($t-ZrO_2$)组成。随着负向电压在 120 ~ 160 V 范围内增加,陶瓷层的物相组成不发生变化,所以负向电压的变化对陶瓷层的结构没有显著影响。

图 3.8 所示为磷酸盐体系不同负向电压下微弧氧化陶瓷层的物相组成。研究表明,在恒压力模式下随着负向电压由 120 V 增加至 160 V,$t-ZrO_2$ 体积分数为 31% ~ 40%。在恒压模式微弧氧化过程中,不同正负脉冲电压的瞬变产生的微弧放电行为不同,随着负向电压升高,促进成膜过程中的阴阳离子迁移效率,从而使其微放电行为增强,击穿反应产生的能量和热量在短时间内集中附着于陶瓷层表面,导致熔融态氧化锆冷却速度急剧增大,熔融氧化锆在电解液的液淬作用下来不及发生相转变而保存为亚稳态 $t-ZrO_2$,因此陶瓷层中四方相和单斜相共存。在磷酸盐体系中,随着负向电压在 120 ~ 150 V 范围增加,$m-ZrO_2$ 含量则呈逐渐增加趋势。

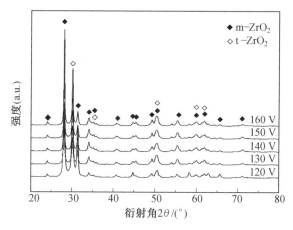

图 3.7　磷酸盐体系不同负向电压下微弧氧化陶瓷层的 XRD 谱图

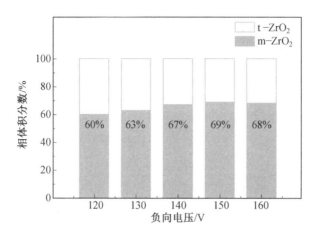

图 3.8　磷酸盐体系不同负向电压下微弧氧化陶瓷层的物相组成

3.脉冲频率变化对陶瓷层相结构的影响

图 3.9 所示为磷酸盐体系不同脉冲频率下微弧氧化陶瓷层的 XRD 谱图,陶瓷层制备工艺参数见表 3.3。研究表明,当磷酸盐体系脉冲频率在 100~300 Hz 范围内时,微弧氧化陶瓷层主要由单斜相氧化锆($m-ZrO_2$)和部分四方相氧化锆($t-ZrO_2$)组成。值得注意的是,当脉冲频率为 100 Hz 时,微弧氧化陶瓷层基本由 $m-ZrO_2$ 组成,体积分数高达 95%;当脉冲频率大于 150 Hz 时, $t-ZrO_2$ 分数迅速增加,为 25%~30%。可见,脉冲频率在一定范围内对陶瓷层物相组成具有显著影响。

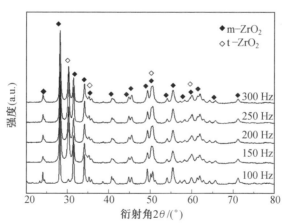

图 3.9　磷酸盐体系不同脉冲频率下微弧氧化陶瓷层的 XRD 谱图

图 3.10 所示为磷酸盐体系不同脉冲频率下微弧氧化陶瓷层的物相组成。研究表明,当脉冲频率大于 150 Hz 时,脉冲频率的变化对氧化锆陶瓷层物相组成

的影响并不显著,m-ZrO$_2$体积分数为69.8% ~75.6%。其中,m-ZrO$_2$为低温相,t-ZrO$_2$属丁高温相,从 m- ZrO$_2$到 t-ZrO$_2$的相转变温度在 1 170 ℃左右。高温相的存在是由于在微弧放电阶段温度很高,最高温度可达 $10^3 \sim 10^4$ ℃。高温相在微弧氧化电解液体系中(18 ~28 ℃)处于急速冷却条件,熔融氧化锆在电解液的液淬作用下来不及发生相转变而保存下来。这主要是由于双极性脉冲电源制备的氧化膜较致密,电解液不易通过放电通道进入氧化膜内部,从而使高温相的冷却速度降低,所以氧化膜内形成的熔融氧化物凝固形成 t-ZrO$_2$后,还会继续转变为 m-ZrO$_2$。另外,在氧化锆相变的过程中伴随着约为 14% 的晶格切变和 5% 的体积突变效应,这也是导致陶瓷层表面微裂纹产生的原因之一。

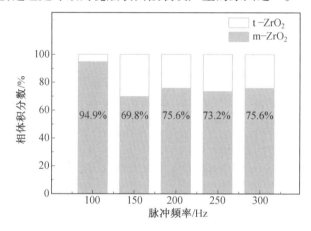

图 3. 10   磷酸盐体系不同脉冲频率下微弧氧化陶瓷层的物相组成

4. Na$_5$P$_3$O$_{10}$质量浓度变化对陶瓷层 XRD 的影响

图 3. 11 所示为磷酸盐体系不同 Na$_5$P$_3$O$_{10}$ 质量浓度下微弧氧化陶瓷层的XRD 谱图,微弧氧化工艺参数见表3.4。研究表明,微弧氧化陶瓷层主要由单斜相氧化锆(m-ZrO$_2$)和部分四方相氧化锆(t-ZrO$_2$)组成,且陶瓷层的物相组成并不随着 Na$_5$P$_3$O$_{10}$ 质量浓度的变化发生变化,所以 Na$_5$P$_3$O$_{10}$ 质量浓度在 14 ~ 22 g·L^{-1}范围内变化对陶瓷层的物相结构没有显著影响。

图 3. 12 所示为磷酸盐体系不同 Na$_5$P$_3$O$_{10}$质量浓度下微弧氧化陶瓷层的物相组成。研究表明,随着 Na$_5$P$_3$O$_{10}$质量浓度由14 g·L^{-1}增加到 22 g·L^{-1},陶瓷层中m-ZrO$_2$体积分数在79.2% ~89.3%之间。Na$_5$P$_3$O$_{10}$是提供吸附离子的主盐,质量浓度升高使得微弧氧化过程中电流密度相对增大,单位时间单位面积释放热量增加,造成反应局部温度升高,使氧化锆形成时处在单斜相的热力学稳定

区,导致陶瓷层中 m-ZrO$_2$ 含量增加。相比而言,在恒压模式硅酸盐体系中,随着 Na$_2$SiO$_3$ 质量浓度在 8 ~ 16 g·L^{-1} 范围增加时,微弧氧化陶瓷层中 m-ZrO$_2$ 体积分数则呈逐渐降低趋势。

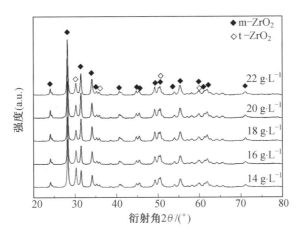

图 3.11　磷酸盐体系不同 Na$_5$P$_3$O$_{10}$ 质量浓度下微弧氧化陶瓷层的 XRD 谱图

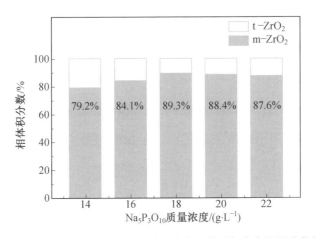

图 3.12　磷酸盐体系不同 Na$_5$P$_3$O$_{10}$ 质量浓度下微弧氧化陶瓷层的物相组成

3.2.2 工艺参数对微弧氧化陶瓷层微观组织的影响

1.正向电压变化对陶瓷层组织形貌的影响

图 3.13 所示为磷酸盐体系不同正向电压下微弧氧化陶瓷层的截面微观组织形貌,陶瓷层制备工艺参数见表 3.1。研究表明,当正向电压为 325 V 时,陶瓷层的截面微观组织缺陷小于正向电压为 425 V 时所制陶瓷层的截面微观组织,主要微观组织缺陷为涂层孔隙率和微裂纹。当正向电压增大时,作用在微弧氧化陶瓷层内电场强度增大,促进带电粒子在微弧氧化陶瓷层内的移动速率,导致通过陶瓷层的电流密度增大,加快微弧氧化膜溶解。可见,正向电压较高时所制的陶瓷层中气孔和裂纹明显增加,且与基体结合状况也稍差。随正向电压升高,陶瓷层厚度增加,微弧放电孔径增大,表面变得粗糙。磷酸盐体系中,正向电压高时,陶瓷层缺陷较多,与基体结合较差,导致陶瓷层的阻氢性能不佳。

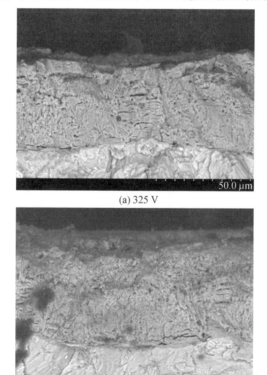

(a) 325 V

(b) 425 V

图 3.13　磷酸盐体系不同正向电压下微弧氧化陶瓷层的截面微观组织形貌

　　图 3.14 所示为磷酸盐体系不同正向电压下微弧氧化陶瓷层的表面微观组织形貌。由图 3.14 中可以看出,正向电压较低时,陶瓷层表面存在裂纹,但几乎看不见孔洞;正向电压较高时,陶瓷层表面除了裂纹外,还存在少量小孔。可见,在磷酸盐体系中正向电压较低时,陶瓷层表面孔洞较少,随着正向电压升高,陶瓷层表面的火花形状逐渐增加,微弧放电亮度增加,同时电流密度增大。由于这一阶段的电压已经很高,在强电场的作用下,电解液中的传质效率提高,陶瓷层的溶解速度也不断提高,导致微等离子体放电造成氧化膜形成蜂窝状的孔隙结构。可见,随着正向电压升高,单个击穿电弧的能量升高,导致陶瓷层内部出现破坏性缺陷。

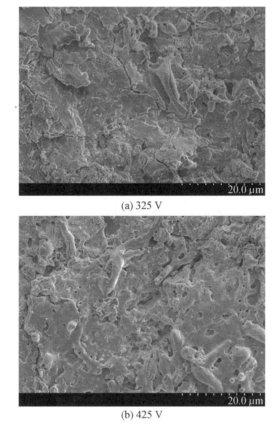

(a) 325 V

(b) 425 V

图 3.14　磷酸盐体系不同正向电压下微弧氧化陶瓷层的表面微观组织形貌

2. 负向电压变化对陶瓷层形貌的影响

　　图 3.15 所示为磷酸盐体系不同负向电压下微弧氧化陶瓷层的截面微观组织形貌,陶瓷层制备工艺参数见表 3.2。由图 3.15 可以看出,负向电压为 120 V

时制得的陶瓷层质地均匀,与基体之间结合紧密,且陶瓷层较致密。而负向电压为 160 V 时制得的陶瓷层存在明显的崩裂痕迹,陶瓷层部分存在明显的裂纹。可见,在磷酸盐体系电解液中负向电压较低时制得的陶瓷层与基体结合状况良好,而随着负向电压升高,陶瓷层发生崩裂,陶瓷层变疏松。虽然氧化物陶瓷层的外层是相对疏松层,但在靠近基体区域是致密层且与基体结合良好,没有发现孔洞和裂纹缺陷。微弧氧化陶瓷层的厚度随着负向电压的升高呈现增大的趋势,这有利于提高氧化膜的阻氢能力。当负向电压升高时,可以强化正向电压对陶瓷层的击穿能力,同时负向电压升高也延长了微弧氧化的反应时间,这些因素对致密氧化陶瓷层的形成有促进作用。因此,合理控制工艺参数、增加氢化锆表面微弧氧化陶瓷层的厚度是提升其阻氢能力的关键。

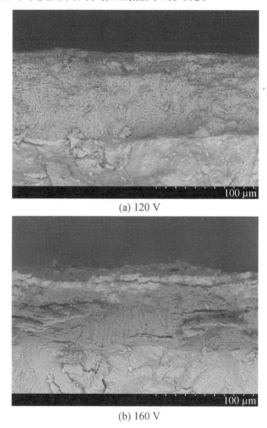

(a) 120 V

(b) 160 V

图 3.15　磷酸盐体系不同负向电压下微弧氧化陶瓷层的截面微观组织形貌

图 3.16 所示为磷酸盐体系不同负向电压下微弧氧化陶瓷层的表面微观组织形貌。当负向电压为 120 V 时,陶瓷层平整致密,存在少量裂纹和孔洞。当负

向电压为 160 V 时,陶瓷层表面呈堆积状,陶瓷层疏松,有明显的剥落痕迹。可见,在磷酸盐体系电解液中,负向电压过高会造成陶瓷层表面的崩裂脱落。这是由于负向电压较低时,陶瓷层击穿能力不强,只能在陶瓷层表面薄弱之处进行击穿,随着负向电压的增加,会引发强烈的电击穿,导致新生成的氧化陶瓷层遭到破坏,此时被击穿的熔融物在高能量作用下向外喷出,并迅速在陶瓷层表面铺开,由于处在高温状态的熔融物在急速冷却条件下形成不平衡的热应力场,使熔融物在该冷却条件下凝固具有很强的收缩性,从而引起陶瓷层表面出现一些微小裂纹。

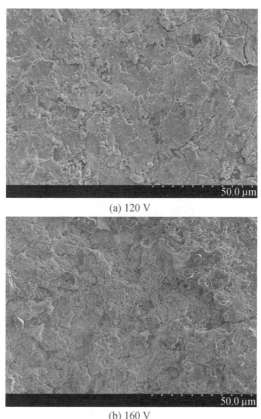

(a) 120 V

(b) 160 V

图 3.16 磷酸盐体系不同负向电压下微弧氧化陶瓷层的表面微观组织形貌

3. 脉冲频率变化对陶瓷层形貌的影响

图 3.17 所示为磷酸盐体系不同脉冲频率下微弧氧化陶瓷层的截面微观组织形貌,陶瓷层制备工艺参数见表 3.3。研究表明,在磷酸盐体系恒压模式下,通过微弧氧化在 $ZrH_{1.8}$ 表面形成连续致密的 ZrO_2 陶瓷层,整体由致密层和疏松层两

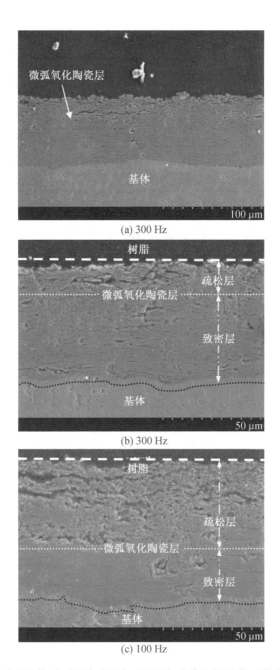

(a) 300 Hz

(b) 300 Hz

(c) 100 Hz

图 3.17 磷酸盐体系不同脉冲频率下微弧氧化陶瓷层的截面微观组织形貌

部分组成,靠近基体部分为致密层,外层为疏松层。在脉冲频率为100 Hz下陶瓷层厚度达50 μm,疏松层大约占陶瓷层厚度的2/3,而致密层仅占陶瓷层厚度的1/3,如图3.17(c)所示;当脉冲频率为300 Hz时,陶瓷层厚度约为45 μm,陶瓷层致密性总体较好,致密层占陶瓷层厚度的2/3,如图3.17(b)所示。脉冲频率的变化对陶瓷层的致密性有很大影响,一定范围内脉冲频率的增加能够提高陶瓷层的致密性。在微弧氧化初期,当脉冲电压处于正半周期时,氢化锆基体处于阳极,因此电解液中OH^-主导的负离子在电场的作用下向氢化锆基体附近移动。氢化锆作为活性电极而优先放电在基体表面产生Zr^{4+},在电场、离子浓度梯度、温度梯度和磁场等驱动力的作用下,Zr^{4+}与OH^-等负离子迅速结合而附着于基体表面,在等离子放电所产生的高能量作用下熔融烧结形成与基体以冶金方式结合的过渡氧化锆陶瓷层。在恒压模式下,脉冲频率为300 Hz时陶瓷层的致密性明显高于脉冲频率为100 Hz时陶瓷层的致密性,这是由于随着脉冲频率的增加,单位时间内陶瓷层被击穿次数增加,所以陶瓷层的致密性增加。微弧氧化初期,陶瓷层较薄容易被击穿,随着陶瓷层厚度的增加,临界击穿电流减小,使陶瓷层被击穿困难,导致陶瓷层致密性下降,因此,氧化锆陶瓷层呈现外层为疏松层、内层为致密层的分布状况。

图3.18所示为磷酸盐体系不同脉冲频率下微弧氧化陶瓷层的表面微观组织形貌。研究表明,微弧氧化陶瓷层表面比较粗糙且分布大小不一的微孔,这些微孔是微弧氧化过程中基体与电解液传递能量和离子的通道。另外,还有熔化物由微孔喷出堆积凝固形成类似火山喷发后的残留痕迹。随着脉冲频率的增加,陶瓷层的微孔数量增加,而孔径明显减小,脉冲频率为100 Hz时微孔平均直径约为3 μm,如图3.18(c)所示。当脉冲频率增大到300 Hz时,最大微孔直径约为1 μm,如图3.18(b)中1、2区域所示。另外,随着脉冲频率从100 Hz增加至300 Hz,微孔周围堆积物明显减少,整个陶瓷层较平整,表面粗糙度明显降低。可见,脉冲频率对陶瓷层表面形貌、表面粗糙度有很大影响。

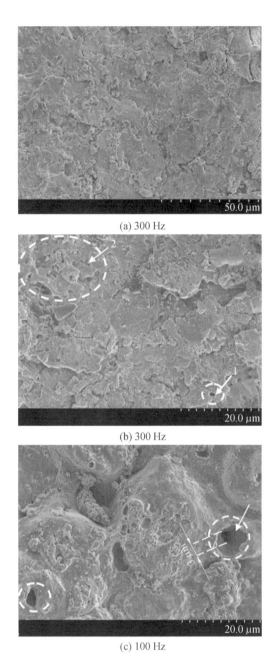

(a) 300 Hz

(b) 300 Hz

(c) 100 Hz

图 3.18　磷酸盐体系不同脉冲频率下微弧氧化陶瓷层的表面微观组织形貌

产生以上现象的原因主要有以下几个方面。

（1）随着脉冲频率的增加，脉宽减小，单位脉冲能量减小，使火花放电持续时间减小，从而导致陶瓷层微孔直径减小。

（2）单位脉冲能量的减小使熔融的氧化物减少，在电解液的液淬作用下熔融物快速凝固，导致氧化物陶瓷层表面熔融物堆积凝固量变少。

（3）对于微孔数量随着脉冲频率的增加而增加，主要归因于脉冲频率的增加使相同处理时间内脉冲数量的增加。

4. $Na_5P_3O_{10}$质量浓度变化对陶瓷层形貌的影响

图3.19所示为磷酸盐体系不同$Na_5P_3O_{10}$质量浓度下微弧氧化陶瓷层的截面微观组织形貌，陶瓷层制备工艺参数见表3.4。研究表明，当$Na_5P_3O_{10}$质量浓度为14 g·L^{-1}时，陶瓷层与基体的结合存在明显的缺陷和裂纹；当$Na_5P_3O_{10}$质量

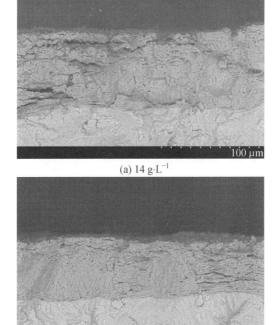

(a) 14 g·L^{-1}

(b) 18 g·L^{-1}

图3.19　磷酸盐体系不同$Na_5P_3O_{10}$质量浓度下微弧氧化陶瓷层的截面微观组织形貌

浓度为18 g·L^{-1}时,陶瓷层与基体的结合良好,陶瓷层质地均匀致密。可见,有效调控 $Na_5P_3O_{10}$ 质量浓度可实现与基体结合紧密且质量良好的陶瓷层制备。微弧氧化过程中,击穿电压主要受电解液与陶瓷层界面阻抗影响,反映了电解液与陶瓷层界面的阻抗性质。研究表明,硅酸盐体系中试样的击穿电压比磷酸盐体系中试样的击穿电压高,击穿电压升高与电解液和陶瓷层界面的阻抗增加有关。不同电解液体系微弧氧化的起弧电压不同,对试样表面电流密度的影响也不同。

图 3.20 所示为磷酸盐体系不同 $Na_5P_3O_{10}$ 质量浓度下微弧氧化陶瓷层的表面微观组织形貌。研究表明,两种不同质量浓度下制得陶瓷层的表面形貌并无明显区别,均比较平整,存在一定裂纹,所以 $Na_5P_3O_{10}$ 质量浓度变化对陶瓷层的表面形貌并无明显影响。与硅酸盐体系相比,磷酸盐体系下氧化锆陶瓷层表面微弧放电微孔尺寸小且涂层厚度较大。可见,磷酸盐体系可以增加陶瓷层厚度,降低表面粗糙度,使陶瓷层更平滑致密,且微孔数量明显减少。电解液浓度在

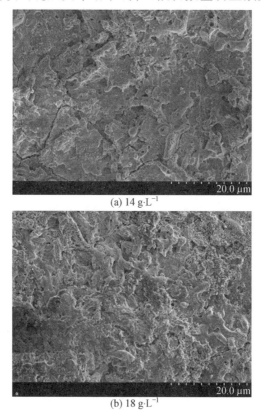

(a) 14 g·L^{-1}

(b) 18 g·L^{-1}

图 3.20 磷酸盐体系不同 $Na_5P_3O_{10}$ 质量浓度下微弧氧化陶瓷层的表面微观组织形貌

一定范围内增加可提高微弧氧化反应的生长速率,通过调节电解液不同成分的比例,可大幅度调控微纳米孔的尺寸、分布和数量,并不同程度地提高陶瓷层厚度,优化陶瓷层的表面特性。电解液浓度降低有利于防止陶瓷层中孔隙的产生,也有利于减小孔径尺寸。但是,电解液浓度太小反应难以进行,不利于成膜,电解液浓度太大会导致微弧反应太剧烈,不利于形成致密膜,甚至对陶瓷层产生腐蚀作用,不利于陶瓷层的生长和微纳米孔结构的调控,从而阻碍表面功能化改性。

5. 陶瓷层截面 EDS 扫描分析

图 3.21 所示为 $Na_5P_3O_{10}$ 质量浓度为 18 g·L^{-1} 时的陶瓷层截面 EDS 能谱。从图中可以看出,陶瓷层主要由致密层和疏松层两部分组成,靠近基体一侧致密层较薄,外侧为较厚的疏松层,且致密层到疏松层之间是逐渐转变的,外侧疏松层存在气孔和裂纹等缺陷。以陶瓷层与基体的结合处为分界线,陶瓷层中 O 元素含量明显高于基体中 Zr 元素含量,基体中不含 O 元素;而陶瓷层中 Zr 元素的含量明显低于基体,说明在氢化锆表面形成了一层氧化锆陶瓷层。

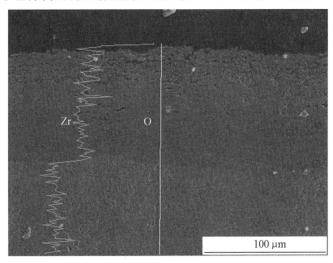

图 3.21　$Na_5P_3O_{10}$ 质量浓度为 18 g·L^{-1} 时的陶瓷层截面 EDS 能谱

从陶瓷层化学成分和组织结构的角度考虑,将电解液的作用分成几类:①仅提供氧进入陶瓷层的电解液;②电解液中包含阴离子组分,可提供其他元素进入陶瓷层;③电解液中包含阳离子组分,可提供其他元素进入陶瓷层;④提供对宏观粒子进行阴离子传输的悬浊液促进陶瓷层形成;⑤不同电解液成分对陶瓷层具有选择性溶解作用,提高陶瓷层孔隙率,形成分级微纳米孔结构。在磷酸盐体系陶瓷层截面的元素分析中并未见到 P,说明在磷酸盐体系中 P 元素并未参与陶瓷层的形成或是含量过低无法检测,但其对陶瓷层生长和质量改善具有重要作用。

3.2.3　工艺参数对微弧氧化陶瓷层阻氢性能的影响

1. 正向电压变化对陶瓷层 PRF 值的影响

图 3.22 所示为磷酸盐体系正向电压对微弧氧化陶瓷层阻氢性能的影响,陶瓷层制备工艺参数见表 3.1。研究表明,正向电压由 325 V 增加至 425 V 的过程中,氢渗透降低因子逐渐增大,由 3.5 增加至 7.0,主要得益于随着正向电压的升高陶瓷层增厚、陶瓷层致密且与基体结合状态较好。微弧氧化陶瓷层的阻氢性能主要取决于陶瓷层连续性、微孔裂纹缺陷、陶瓷层厚度和氧化锆晶型结构等因素,其中陶瓷层连续性和工艺缺陷控制是保证阻氢性能的先决条件;在此先决条件基础上,陶瓷层厚度对阻氢性能的影响较小,厚度过大会导致残余应力,从而降低与基体的结合力,氧化锆晶型结构与内部晶格缺陷对阻氢性能的影响即为氧化锆的本征结构对阻氢性能的影响。

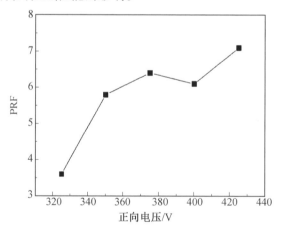

图 3.22　磷酸盐体系正向电压对微弧氧化陶瓷层阻氢性能的影响

2. 负向电压变化对陶瓷层 PRF 值的影响

图 3.23 所示为磷酸盐体系负向电压对微弧氧化陶瓷层阻氢性能的影响,陶瓷层制备工艺参数见表 3.2。研究表明,陶瓷层的阻氢能力随负向电压的升高而降低,负向电压由 120 V 升高到 160 V 的过程中,陶瓷层的 PRF 值由 9.8 下降至 7.6。随着负向电压的升高,陶瓷层不断地减薄,陶瓷层阻氢能力不断下降,其中

过高的负向电压击穿陶瓷层造成陶瓷层崩裂,也是造成阻氢能力下降的主要因素之一。从图 3.11 中可以看出,负向电压较低时,陶瓷层与基体的结合情况较好,所以低负向电压制得的陶瓷层具有优异的阻氢渗透性能,因此陶瓷层的阻氢能力很大程度上取决于与基体的结合状况。

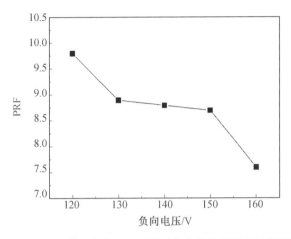

图 3.23　磷酸盐体系负向电压对微弧氧化陶瓷层阻氢性能的影响

3.脉冲频率变化对陶瓷层 PRF 值的影响

图 3.24 所示为磷酸盐体系脉冲频率对微弧氧化陶瓷层阻氢性能的影响,陶瓷层制备工艺参数见表 3.3。研究表明,随着脉冲频率的升高,陶瓷层的阻氢能力逐渐升高,整个过程中 PRF 值由 8.3 升高到 10.6。根据两种脉冲频率下制得陶瓷层的表面形貌判断,在脉冲频率为 100 Hz 时陶瓷层表面存在大的孔洞,孔洞周围有熔融液体流淌的痕迹,因此阻氢能力较差;当脉冲频率为 300 Hz 时制得的陶瓷层表面则不存在上述情况,300 Hz 制得的陶瓷层表面呈颗粒堆积状,且只存在一些细小的孔洞,故而阻氢能力较好。从图 3.17 中可以看出,脉冲频率为300 Hz 时陶瓷层与基体的结合紧密没有明显缺陷,明显优于脉冲频率为 100 Hz时陶瓷层与基体的结合情况,所以脉冲频率为 300 Hz 时制得的陶瓷层阻氢性能较优。根据脉冲频率对陶瓷层厚度的影响推测,陶瓷层厚度随着脉冲频率的增加而减小,随着陶瓷层厚度的增加,其阻氢效果加强,随着脉冲频率的增加陶瓷层 PRF 值减小,这可能由于其阻氢效果不仅与厚度有关,还在很大程度决定于陶瓷层的致密性。随着脉冲频率的增加陶瓷层的致密性增加,因此推断虽然随着脉冲频率的增加陶瓷层厚度降低,削弱了陶瓷层的阻氢效果,但远小于陶瓷层致密性的增加对陶瓷层阻氢效果的促进作用。

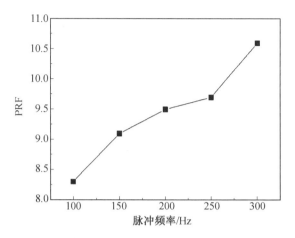

图 3.24　磷酸盐体系脉冲频率对微弧氧化陶瓷层阻氢性能的影响

4. $Na_5P_3O_{10}$ 质量浓度变化对陶瓷层 PRF 值的影响

图 3.25 所示为不同 $Na_5P_3O_{10}$ 质量浓度微弧氧化制备陶瓷层阻氢性能的变化规律,陶瓷层制备工艺参数见表 3.4。研究表明,陶瓷层的阻氢能力随着 $Na_5P_3O_{10}$ 质量浓度升高呈先增大后降低的趋势。当 $Na_5P_3O_{10}$ 质量浓度为 $18\ g \cdot L^{-1}$ 时,阻氢能力达到最高值 13.1,而后出现下降趋势。当 $Na_5P_3O_{10}$ 质量浓度为 $14\ g \cdot L^{-1}$ 时,所制陶瓷层与基体结合处存在裂纹,结合不够紧密,且陶瓷层本身存在缺陷。当 $Na_5P_3O_{10}$ 质量浓度为 $18\ g \cdot L^{-1}$ 时,陶瓷层致密,与基体结合良好,所以阻氢效果较优。除了陶瓷层厚度影响阻氢效果外,陶瓷层的阻氢能力主要取决于陶瓷层的致密性、致密层厚度以及与基体的结合状况等。

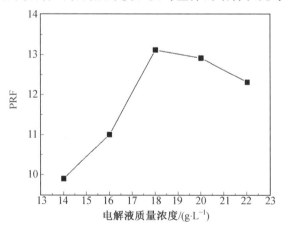

图 3.25　不同 $Na_5P_3O_{10}$ 质量浓度微弧氧化制备陶瓷层阻氢性能的变化规律

本章参考文献

[1] 王志刚. 基于正交试验的氢化锆表面微弧氧化陶瓷层制备工艺研究[D]. 呼和浩特: 内蒙古工业大学, 2014.

[2] 钟学奎. 微弧氧化法制备氢化锆表面防氢渗透层[D]. 呼和浩特: 内蒙古工业大学, 2012.

[3] TANG M Q, XIN C, FENG Z Q, et al. Review of oxide coatings containing ZrO_2 on magnesium alloys by microarc oxidation [J]. Transactions of the Indian Institute of Metals. 2023, 76(4): 875-886.

[4] 何宏辉, 曾庆圣, 王天石, 等. 镁合金等离子体微弧氧化过程负电压调控的研究[J]. 材料处理学报, 2006, 27(2): 118-121.

[5] 刘耀辉, 李颂. 微弧氧化技术国内外研究进展[J]. 材料保护, 2005, 38(6): 36-40.

[6] 郝建民, 陈宏, 张荣军. 电参数对镁合金微弧氧化陶瓷层致密性和电化学阻抗的影响[J]. 腐蚀与防护, 2003, 24(6): 249-251.

[7] XU J L, ZHONG Z C, YU D Z, et al. Effect of Micro-arc oxidation surface modification on the properties of the NiTi shape memory alloy [J]. Journal of Materials Science Materials in Medicine, 2012, 23(12):2839-2846.

[8] 周慧, 李争显, 杜继红, 等. 锆合金表面交流微弧氧化膜组织与性能的研究[J]. 稀有金属材料与工程, 2005, 34(8):1330-1333.

[9] 慕伟意, 憨勇. 三种不同电解液中镁微弧氧化膜研究[J]. 稀有金属材料与工程, 2010, 39(7):1129-1134.

[10] DUEDU S. Characterization, bioactivity and antibacterial properties of copper-based TiO_2 bioceramic coatings fabricated on titanium[J]. Coatings, 2018, 9(1): 1.

[11] JI P, LÜ K, CHEN W D, et al. Study on preparation of micro-arc oxidation film on TC4 alloy with titanium dioxide colloid in electrolyte[J]. Coatings, 2022, 12(8): 1093.

[12] ZHANG R F, ZHANG S F, XIANG J H, et al. Influence of sodium silicate concentration on properties of micro arc oxidation coatings formed on AZ91HP magnesium alloys[J]. Surface and Coatings Technology, 2012, 206(24): 5072-5079.

[13] 闫淑芳，刘向东，陈伟东，等. 硅酸盐体系负向电压对氢化锆表面微弧氧化膜的影响[J]. 稀有金属，2015，39(10)：902-907.

[14] 王志刚，陈伟东，闫淑芳，等. 恒压模式下频率对 $ZrH_{1.8}$ 表面微弧氧化陶瓷层的影响[J]. 稀有金属材料与工程，2015，44(1)：184-188.

[15] CUI S H, ZHU J Y, YANG C, et al. Stable discharge mechanism in microarc oxidation and processing in phosphate electrolytes [J]. IEEE Transactions on Plasma Science, 2021, 49(10): 3126-3131.

[16] 王志刚，陈伟东，闫淑芳，等. $Na_5P_3O_{10}$ 体系氢化锆表面微弧氧化陶瓷层组织与阻氢性能的研究[J]. 稀有金属材料与工程，2015，44(11)：2877-2881.

[17] 钟学奎，陈伟东，闫国庆. 负向电压对氢化锆表面防氢渗透层的影响[J]. 内蒙古科技大学学报，2011，30(2)：150-153.

[18] ERFANIFAR E, ALIOFKHAZRAEI M, NABAVI H F, et al. Growth kinetics and morphology of microarc oxidation coating on titanium [J]. Surface and Coatings Technology, 2017, 315: 567-576.

[19] 钟学奎，闫国庆，陈伟东. $Na_5P_3O_{10}$ 的加入量对 $ZrH_{1.8}$ 表面微弧氧化膜的影响[J]. 稀有金属材料与工程，2012，41(S2)：541-544.

[20] WANG Z G, CHEN W D, YAN S F, et al. Characterization of ZrO_2 ceramic coatings on $ZrH_{1.8}$ prepared in different electrolytes by micro-arc oxidation[J]. Rare Metals, 2022, 41(3): 1043-1050.

[21] SEZGIN C, AZAKLI Y, TARAKCI M. Microarc oxidation discharge types and bio properties of the coating synthesized on zirconium [J]. Materials Science and Engineering: C, 2017, 77: 374-383.

[22] WANG Z G, CHEN W D, YAN S F, et al. Direct fabrication and characterization of zirconia thick coatings on zirconium hydride as a hydrogen permeation barrier[J]. Coatings, 2023, 13: 884.

[23] ZHAI D J, QIU T, SHEN J. Growth kinetics and mechanism of microarc oxidation coating on Ti-6Al-4V alloy in phosphate/silicate electrolyte [J]. International Journal of Minerals, Metallurgy and Materials, 2022, 29: 1991-1999.

第4章　磷酸盐体系氢化锆表面微弧氧化电参数的正交优化设计

　　微弧氧化技术是将金属基体置于强电导率电解液中,在强电场作用下使基体表面产生火花放电现象。在等离子体化学、物理化学和电化学等共同作用下,使金属基体表面原位生成对应金属氧化物陶瓷层。本试验采用双向非平衡交流脉冲电源模式,电源输出脉冲的正向负向峰值电压、电流、脉冲频率、脉冲个数和处理时间等电学参数对 MAO 陶瓷层的理化特性有极其重要的影响。在恒压工作模式下,磷酸盐体系中正向电压、负向电压、脉冲频率和处理时间等不同工艺组合对微弧氧化过程中起弧电压、击穿能量等产生重要影响,从而对基体表面陶瓷层性能产生影响。

　　微弧氧化过程总体分为普通阳极氧化、火花放电、微弧氧化和弧光放电等四个阶段,不同阶段对 MAO 陶瓷层的生长特性和性能具有不同的控制效果。普通阳极氧化阶段为等离子体的产生创造条件,也是后续介电击穿发生微弧氧化的必需条件;火花放电阶段是陶瓷层生长的主要阶段,能有效控制陶瓷层厚度;微弧氧化阶段主要是对火花放电阶段生成的陶瓷层性能的改善,能有效降低陶瓷层的孔隙率;弧光放电阶段是微等离子体放电的最后阶段,对陶瓷层击穿熔融体积较大,不利于致密 MAO 陶瓷层的形成。电参数的不同匹配组合对微弧氧化过程中四个阶段的发生和持续时间等具有较大影响。因此,对正向电压、负向电压、脉冲频率和处理时间等电参数进行优化,确定最佳工艺组合是制备具有优异防氢渗透性能 MAO 陶瓷层的有效手段。

　　氢化锆中氢的渗透行为及其表面氧化膜的阻氢机理仍在研究中,而陶瓷层中的孔隙率、缺陷等极大降低了阻氢渗透能力,因此在氢化锆表面制备出连续致密陶瓷层是制备理想防氢渗透层的先决条件。本章以氧化锆微弧氧化陶瓷层的致密性和陶瓷层厚度作为评价标准,拟采用正交设计试验对正向电压、负向电压、脉冲频率和处理时间等电参数进行优化,分析了电参数对所得微弧氧化陶瓷层的致密性和厚度的影响规律,并确定了制备优越致密性和厚度适中的微弧氧化陶瓷层电参数的最佳组合。为验证正交优化结果的可靠性,采用最佳试验方案数学期望平均值及方差分析对最佳工艺下所制备陶瓷层的致密性进行验证。

4.1　正交试验设计及其数据分析

4.1.1　正交试验因素及水平的确定

常用的试验设计与分析方法包括方差分析、因子设计、正交试验设计、稳健设计和可靠性设计等,其中正交试验设计和分析方法是目前最常用的工艺优化试验设计和分析方法,是部分因子设计的主要方法。正交试验以概率论、数理统计和实践经验为基础,利用标准化正交表安排试验方案,并对结果进行计算分析最终迅速找到优化方案,是一种高效处理多因素优化问题的科学计算方法。微弧氧化技术的工艺因素及水平较多,各因素之间相互影响不明确,采用常规试验方法逐个找出单因素的最佳工艺不仅试验量大,而且最终得到的结果仅为单因素最佳条件的集合,对各因素之间的影响及水平等未予以考虑。通过合理、科学地设计正交试验能够以尽量少的试验次数确定最显著的影响因素,同时能够确定不同因素对试验指标的影响水平,是一种结论准确的多因素试验科学方法。

正交表使正交试验具备了分散性和整齐可比性,不仅可以根据正交表确定因素的主次效应顺序,而且可应用方差对试验数据进行分析,获得各因素对指标的影响程度,从而找出优化条件或最优组合,实现试验的目的。依据正交试验设计的均衡搭配、综合比较和正交分解三大基本原则,本章采用四因素四水平的正交试验,即通过 16 组试验取代传统单因素试验(4^4 组试验),可以优化出基础最佳工艺,很大程度上提高了工作效率和试验科学性。本试验中以 MAO 陶瓷层的致密性(D_ρ)和陶瓷层厚度(δ)作为试验指标,脉冲频率(A)、负向电压(B)、正向电压(C)和微弧氧化时间(D)作为四个影响因素,其中每个影响因素赋予四个水平,设计 L16(4^4)正交试验表,各因素与水平见表 4.1。电解液由 $Na_5P_3O_{10}$、NaOH 和 EDTA 二钠组成,其质量浓度分别为 16 g·L^{-1}、1.5 g·L^{-1} 和 2 g·L^{-1}。氢化锆表面氧化锆陶瓷层致密性的物理定义为单位体积陶瓷层质量,氧化锆陶瓷层的致密性可用密度(ρ_c)表示:

$$\rho_c = \frac{\Delta m}{V_c} \tag{4.1}$$

式中　Δm——试样表面氧化锆陶瓷层的总质量;

V_c——试样表面陶瓷层的总体积。

表 4.1　正交试验的因素与水平

水平	因素			
	脉冲频率/Hz(A)	负向电压/V(B)	正向电压/V(C)	微弧氧化时间/min(D)
1	150	130	350	10
2	200	150	380	15
3	250	170	410	20
4	300	200	450	25

试样表面陶瓷层的总质量可通过试样微弧氧化处理前后增重表示,称重采用型号为 BS110S、精确度为 0.1 g 的电子天平称量。因此,Δm 可表示为

$$\Delta m = m_c - m_s \tag{4.2}$$

式中　m_s、m_c——微弧氧化前后试样质量。

基于试验的需求,计算陶瓷层体积时须对微弧氧化试样进行简化,如图 4.1 所示,图中 d 和 dδ 分别为试样直径和陶瓷层厚度的微分。由于圆片试样厚度仅为 2 mm,试样侧面陶瓷层质量可忽略,因此陶瓷层的总质量可认为仅由试样上下表面陶瓷层组成,氢化锆表面陶瓷层体积微分为 dV_c = S_sdδ。因此,陶瓷层体积可表示为

$$V_c = \int_0^\delta 2 \cdot S_s d\delta \tag{4.3}$$

式中　δ——陶瓷层厚度;

S_s——试样上下表面积。

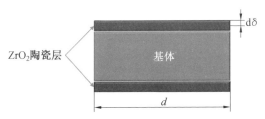

图 4.1　ZrH$_{1.8}$ 表面微弧氧化陶瓷层的分布示意图

由于所有试样具有相同尺寸,因此 S_s 为常数,只需测量厚度即可获得陶瓷层的总体积,陶瓷层的密度可表示为

$$\rho_c = \frac{\Delta m}{\int_0^\delta 2 \cdot S_s \mathrm{d}\delta} \tag{4.4}$$

$$S_s\rho_c = \frac{\Delta m}{2\delta} \tag{4.5}$$

为了使试验过程中表征陶瓷层致密性更加简便、精确,将 $S_s\rho_c$ 定义为 MAO 陶瓷层的致密性(D_ρ),可表示为

$$D_\rho = \frac{\Delta m}{2\delta} \tag{4.6}$$

本试验中氢化锆表面微弧氧化陶瓷层的致密性计算只需测量试样微弧氧化前后增重及陶瓷层厚度。致密性(D_ρ)的提出不仅可以减小计算量优化计算,还能够提高试验结果的精确度,陶瓷层致密性的提出具有一定必要性。

4.1.2　正交试验数据极差分析

极差分析法是通过每个因素在不同水平位置上的平均指标值的极差来表现该因素的影响程度,极差越大说明该因素对试验结果的影响越显著。因此,极差分析能有效评价各因素对宏观性能指标的影响程度,确定最显著影响因素,并由此确定影响因素的最佳组合工艺。按照 L16(4^4)正交试验方案进行 16 组试验,获得陶瓷层的致密性(D_ρ)、陶瓷层厚度(δ)等宏观性能指标数值。本试验中氧化锆陶瓷层的致密性和厚度数值越大越有利于陶瓷层阻氢性能的提高,因此构造综合指标函数(G):

$$G = D_\rho \cdot \delta \tag{4.7}$$

极差分析法按以下方法计算。

(1)首先,计算不同因素各水平性能指标之和:

$$k_j = \sum_{j=1}^4 Y_j \tag{4.8}$$

(2)其次,计算不同因素各水平下指标之和的算术平均值:

$$\bar{k}_j = \frac{1}{4}\sum_{j=1}^4 Y_j \tag{4.9}$$

(3)各因素的极差:

$$R = \max(\bar{k}_1, \bar{k}_2, \bar{k}_3, \bar{k}_4) - \min(\bar{k}_1, \bar{k}_2, \bar{k}_3, \bar{k}_4) \tag{4.10}$$

表 4.2 和表 4.3 分别为正交试验结果和正交试验极差分析。从表 4.3 中可以看出,按极差数值降序排列,其顺序为微弧氧化时间(25.56)、负向电压

(24.27)、脉冲频率(20.67)和正向电压(17.08)。可见,在变化的水平范围内,
负向电压和微弧氧化时间是影响综合指标函数(G)的主要因素,其次为脉冲频
率,正向电压对综合指标函数的影响最小。当脉冲频率、负向电压、正向电压和
微弧氧化时间分别为200 Hz、170 V、380 V 和 25 min 时,综合指标函数(G)均为
其影响因素的最大值;因此,基于以上初步极差分析,确定最佳优工艺组合
为 A2B3C2D4。

表 4.2　正交试验结果

试验编号	因素				试验结果		
	A	B	C	D	$D_\rho/(mg \cdot \mu m^{-1})$	厚度/μm	综合指标函数(G)
1	150(1)	130(1)	350(1)	10(1)	0.155 9	158.5	24.710 2
2	150(1)	150(2)	380(2)	15(2)	0.147 3	174.5	25.703 9
3	150(1)	170(3)	410(3)	20(3)	0.180 1	185.4	33.390 5
4	150(1)	200(4)	450(4)	25(4)	0.201 4	237.1	47.751 9
5	200(2)	130(1)	380(2)	20(3)	0.239 6	179.9	43.104 0
6	200(2)	150(2)	350(1)	25(4)	0.268 1	163.4	43.807 5
7	200(2)	170(3)	450(4)	15(2)	0.207 3	162.6	33.706 9
8	200(2)	200(4)	410(3)	10(1)	0.142 6	145.2	20.705 5
9	250(3)	130(1)	410(3)	25(4)	0.228 7	127.7	29.204 9
10	250(3)	150(2)	450(4)	20(3)	0.249 9	101.2	25.289 8
11	250(3)	170(3)	350(1)	15(2)	0.187 5	157.9	29.606 2
12	250(3)	200(4)	380(2)	10(1)	0.103 0	139.8	14.399 4
13	300(4)	130(1)	450(4)	15(2)	0.196 7	89.2	17.545 6
14	300(4)	150(2)	410(3)	10(1)	0.194 5	116.5	22.659 2
15	300(4)	170(3)	380(2)	25(4)	0.278 3	182.7	50.845 4
16	300(4)	200(4)	350(1)	20(3)	−0.168 9	191.8	−32.395 0

表 4.3　正交试验极差分析

水平	涂层致密性/(mg·μm⁻¹)				涂层厚度/μm				综合指标函数(G)			
	A	B	C	D	A	B	C	D	A	B	C	D
k_1	0.684 7	0.820 9	0.442 5	0.596 0	755.5	555.3	671.6	560.0	131.56	114.56	65.73	82.47
k_2	0.857 6	0.859 8	0.768 3	0.738 8	651.1	555.6	676.9	584.2	141.32	117.46	134.05	106.56
k_3	0.769 1	0.853 2	0.745 9	0.500 6	526.6	688.6	574.8	658.3	98.50	147.55	105.96	69.39
k_4	0.500 6	0.278 0	0.855 0	0.976 6	580.2	713.9	590.1	710.9	58.66	50.46	124.29	171.61
$\overline{k_1}$	0.171 2	0.205 2	0.110 6	0.149 0	188.9	138.8	167.9	140.0	32.89	28.64	16.43	20.61
$\overline{k_2}$	0.214 4	0.215 0	0.192 1	0.184 7	162.8	138.9	167.2	146.1	35.33	29.37	33.51	26.64
$\overline{k_3}$	0.192 3	0.213 3	0.186 5	0.125 2	131.7	127.2	143.7	164.6	24.63	36.89	26.49	17.34
$\overline{k_4}$	0.125 2	0.069 5	0.213 8	0.244 2	145.1	178.5	147.5	177.7	14.66	12.62	31.07	42.90
R	0.089 2	0.145 5	0.103 2	0.119 0	57.2	51.3	24.2	37.7	20.67	24.27	17.08	25.56
排序	4	1	3	2	1	2	4	3	3	2	4	1

4.1.3　最佳试验方案的数学期望

　　正交试验结果极差分析初步得出最佳试验方案,最佳工艺组合的数学期望平均值可有效预测综合指标函数(G)的数值。数学期望平均值可按下式进行估算:

$$\hat{\gamma} = \gamma_m + \sum_{i=1}^{q}(\gamma_i - \gamma_m) \tag{4.11}$$

式中　γ_m——综合指标函数(G)的算术平均值;

　　　　γ_i——最佳试验工艺参数组合水平下各因素的综合指标函数(G)平均值;

　　　　$q=1,2,3,4$——脉冲频率、负向电压、正向电压和微弧氧化时间。

　　表 4.4 为综合指标函数(G)的数学期望计算值与试验验证实际值。数学期望理论计算值为48.62,试验验证实际值为43.35。因此,通过极差分析法获得的最佳试验结果与数理统计法计算数学期望平均值基本一致,有效验证极差分析因素确定的合理性。

表 4.4　综合指标函数(G)的数学期望计算值与试验验证实际值

最佳水平	数学期望 A2B3C2D4	试验验证 A2B3C2D4
综合评价指数(G)	48.62	43.35

4.1.4　正交试验数据方差分析

极差分析法没有严格地把试验过程中由试验条件引起的数据波动和由试验误差引起的数据波动区分。因此,方差分析法的引入不仅能提供一个量化的标准用来判断所考察因素的显著程度,而且可验证极差分析法找出的主次因素是否可靠。此外,可采用 F 显著水平检验法来考察这些因素的显著性差异,从而间接评价最佳方案选择是否合适。因此,对数理统计的数据进行方差分析(Analysis of Variance,ANOVA),在一定的置信区间内检验因素的显著程度。方差分析法计算方法如下。

1. 方差计算

首先,计算正交试验中 16 组试验综合指标函数(G)的算数平均值:

$$\bar{G} = \frac{1}{16} \sum_{m=1}^{16} G_m \tag{4.12}$$

然后,对 16 组试验综合指标函数(G)的总偏差平方求和:

$$S_{\mathrm{T}} = \sum_{m=1}^{16} (G_m - \bar{G})^2 \tag{4.13}$$

每个因素的偏差平方和可根据下式计算:

$$S_i = r \sum_{j=1}^{4} (\bar{k}_j - \bar{G})^2 \tag{4.14}$$

式中　$j = 1,2,3,4$——该因素的不同水平;

　　　$i = 1,2,3,4$——A、B、C 和 D 四个影响因素;

　　　r——该因素的水平重复数,本试验中 $r = 4$。

因此,可以通过总偏差平方和以及不同因素的偏差平方和计算试验误差:

$$S_{\mathrm{E}} = S_{\mathrm{T}} - \sum_{i=1}^{4} S_i \tag{4.15}$$

2. 自由度计算

自由度(Degrees of Freedom,DOF)计算主要包括总自由度、不同因素的自由度和试验误差自由度的计算,其中,总自由度(f_{T})和不同因素的自由度(f_i)可分别通过下式计算:

$$f_{\mathrm{T}} = n-1 \tag{4.16}$$

$$f_i = m-1 \tag{4.17}$$

式中　n——试验次数,对于正交数列 L16(4^4)中 $n = 16, m = 4$。

因此,可以通过总自由度及不同因素的自由度计算试验误差自由度:

$$f_E = f_T - \sum_{i=1}^{4} f_i \tag{4.18}$$

3. 均方计算

均方计算主要包括不同因素均方($\hat{S}_i$)和试验误差均方($\hat{S}_E$)的计算:

$$\hat{S}_i = \frac{S_i}{f_i} \tag{4.19}$$

$$\hat{S}_E = \frac{S_E}{f_E} \tag{4.20}$$

计算 F_i:

$$F_i = \frac{\hat{S}_i}{\hat{S}_E} \tag{4.21}$$

检验统计量 F 的构造能一次性实现对多个总体均值是否存在显著差异的推断,从而有效评价最佳试验方案选择的合理性。因此,在一定的置信区间内对正交试验数据进行方差分析,通过比较 F 统计量与表4.5中的某一临界值 F 检验因素对指标影响的显著程度。F 统计量数值越大表明组间方差是主要方差来源,说明因子影响越显著;相反,F 统计量小则表明随机方差是主要方差来源。在本试验中,当 $F \geqslant F_{0.01}(3,3)$ 时,表示该因素对综合指标函数(G)的影响特别显著;当 $F_{0.025}(3,3) \leqslant F < F_{0.01}(3,3)$ 时,表示该因素对综合指标函数(G)有显著影响;当 $F_{0.05}(3,3) < F < F_{0.025}(3,3)$ 时,表示该因素对综合指标函数(G)有一定影响;当 $F \leqslant F_{0.05}(3,3)$ 时,表示该因素对综合指标函数(G)的影响程度不显著。综合指标函数(G)的方差分析结果,见表4.5。

对表4.5中 F 统计量与临界值 F 比较分析。结果表明,微弧氧化时间是影响综合指标函数(G)的主要因素,其次为负向电压,然后是脉冲频率,而正向电压对综合指标函数(G)的影响最不显著。因此,可以认为对微弧氧化陶瓷层厚度和致密性综合效应影响特别显著的因素是微弧氧化时间,负向电压对其有显著影响,而脉冲频率和正向电压对其也有一定影响。综上分析,方差分析中反映的显著性差异与数理统计中极差反映出的因素影响顺序完全一致,即有效验证极差分析因素确定的合理性和方案的科学性。因此,通过正交试验表现的影响因素对试验指标的影响规律符合实际,具有较强的综合性、可科学性。

表 4.5　综合指标函数(G)的方差分析

因素	平方和(S)	DOF(f)	均方($\hat{S}$)	F 统计量	临界值 F
A	1 047.40	3	349.13	18.69	$F_{0.01}(3,3)=29.46$
B	1 251.60	3	417.20	22.33	$F_{0.025}(3,3)=15.44$
C	683.57	3	227.86	12.20	$F_{0.05}(3,3)=9.28$
D	1 547.41	3	515.80	29.61	
误差	56.03	3	18.68	—	
总和	4 586.01	15	—	—	

4.2　微弧氧化电参数对陶瓷层致密性及厚度的影响

微弧氧化电参数对微弧氧化过程的产生起主导作用,通过分析脉冲频率、负向电压、正向电压和微弧氧化时间等工艺参数对 MAO 陶瓷层致密性和厚度的影响规律,探究各因素在一定范围内变化趋势的合理性,以及电参数对陶瓷层的作用机制。本节将重点探讨脉冲频率、负向电压、正向电压和微弧氧化时间等因素对氢化锆表面微弧氧化陶瓷层致密性和厚度的影响规律。

4.2.1　脉冲频率对陶瓷层致密性及厚度的影响

图 4.2 所示为脉冲频率对微弧氧化陶瓷层致密性及厚度的影响。从图中可以看出,脉冲频率在 150 ~ 200 Hz 内,陶瓷层致密性呈增长趋势且在 200 Hz 时取得最大值;脉冲频率在 200 ~ 300 Hz 内,陶瓷层致密性呈线性降低,在 250 ~ 300 Hz 时陶瓷层致密性较差。随脉冲频率的增加,陶瓷层厚度整体呈现逐渐降低趋势,尽管当脉冲频率增加到 250 Hz 后陶瓷层厚度略增加,但从理论上分析不成立。因此,可以认为陶瓷层厚度在脉冲频率为 150 ~ 200 Hz 内呈现逐渐降低趋势,与单因素试验结果基本一致。

在微弧氧化过程中陶瓷层厚度主要取决于单位脉冲能量的大小。在固定脉冲峰值(恒压模式)情况下,单脉冲能量取决于阳极脉冲宽度(t_a),可表示为

$$t_a = \frac{d_a}{f_a} \tag{4.22}$$

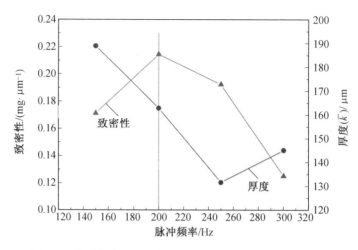

图 4.2　脉冲频率对微弧氧化陶瓷层致密性及厚度的影响

式中　d_a——阳极脉冲占空比;

　　　　f_a——脉冲频率。

可见,当占空比一定随脉冲频率增加,阳极脉冲宽度减小;随着脉冲频率增加,单位脉冲能量减小。因此,陶瓷层厚度几乎呈线性衰减趋势,与 Hwang 等报道结果一致。另外,在 150 ~ 200 Hz 内脉冲频率的增加使微弧氧化过程中单位时间内被击穿次数增多,且击穿弧点存在时间变短,从而有效修复陶瓷层性能,使陶瓷层致密性增加。当脉冲频率在 200 Hz 基础上继续增加时,由于阳极单位脉冲存在时间过短而不能使参与反应离子注入陶瓷层,因此陶瓷层致密性逐渐降低。由此可见,脉冲频率对微弧氧化陶瓷层的影响方式主要通过改变脉冲宽度,单位脉冲放电能量是影响陶瓷层致密性和厚度的主要原因。

4.2.2　负向电压对陶瓷层致密性及厚度的影响

图 4.3 所示为负向电压对微弧氧化陶瓷层致密性及厚度的影响。从图中可以看出,负向电压在 130 ~ 170 V 内时,陶瓷层厚度和致密性呈微小波动趋势,可认为受负向电压变化影响较小;当负向电压为 150 ~ 170 V 时,陶瓷层致密性达到最大值,继续增加负向电压,陶瓷层致密性急剧降低,而陶瓷层厚度则与致密性呈相反变化趋势,这可能是由于当负向电压为 200 Hz 时其厚度达到最大值(约为 200 μm)。

在双向脉冲电源模式下,负向脉冲对微弧氧化过程的影响主要表现在以下几方面。

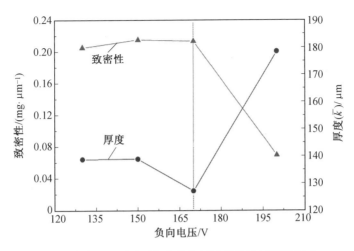

图 4.3　负向电压对微弧氧化陶瓷层致密性及厚度的影响

（1）负向脉冲幅值和正向脉冲幅值对空间电荷分布起主导作用，从而能够有效控制阳极附近阴阳离子比例。

（2）此外，负向脉冲能够周期性中断阳极火花放电过程，使陶瓷层凝固结晶并诱使熔融物重新转化为金属氧化物。

当电压处于负半周期时，氢化锆基体处于阴极状态，因此电解液中锆等阳离子在强电场的作用下通过放电微孔被吸附于基体表面；相反，富含氧的相关阴离子将被排斥在电解液中，因此导致基体表面放电微孔中阳离子过剩、氧元素严重缺乏的状态，最终影响等离子体反应的发生。当交流脉冲电压处于正半周期时，氢化锆处于阳极状态，在脉冲峰值瞬时高压作用下试样表面形成等离子体电弧，在等离子体电弧的高温高压作用下放电微孔内熔融氧化物将发生微冶金反应。然而，由于在基体处于阴极阶段期间放电微孔中阳离子过剩，氧元素严重缺乏物质条件，从而导致放电通道内熔融氧化物不能很好地结晶，最终使陶瓷层致密性下降。可见，只有在正负向脉冲电压达到适当匹配值才能制备出优异致密度和厚度的氧化锆陶瓷层。

4.2.3　正向电压对陶瓷层致密性及厚度的影响

图 4.4 所示为正向电压对微弧氧化陶瓷层厚度及致密性的影响。从图中可以看出，随着正向电压的增加，陶瓷层厚度整体呈下降趋势；相反，致密性整体则呈增长趋势。当正向电压在 350～380 V 时，陶瓷层厚度保持较高水平，厚度约为168 μm；当正向电压继续增加，陶瓷层厚度迅速减小，当增加至 410 V 时陶瓷层

厚度降低至约 140 μm。相反,陶瓷层致密性在 350 ~ 380 V 时迅速增加,当正向电压增加至 380 V 之后,陶瓷层致密性增长速率降低,生长趋于平稳。

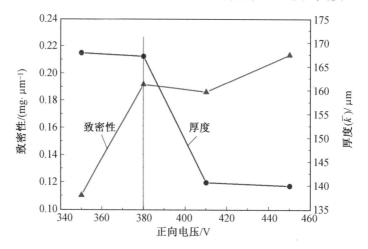

图 4.4　止向电压对微弧氧化陶瓷层致密性及厚度的影响

正向电压是控制陶瓷层增长的主导因素,在一定范围内随着正向电压的增加陶瓷层厚度随之增加;当正向电压过大时,高能量脉冲导致氢化锆基体表面电解液温度升高,使陶瓷层溶解速度增加。此时,电解液/陶瓷层界面陶瓷层与电解液达成溶解-生长动态平衡破坏,导致陶瓷层溶解速率大于生长速率,因此,随着正向电压的增加陶瓷层厚度降低。可见,正向电压的增加使单位脉冲能量增加,有利于基体表面锆离子和氧离子微冶金过程,促进氧化锆形核,从而使陶瓷层致密性增加。

4.2.4　微弧氧化时间对陶瓷层致密性及厚度的影响

图 4.5 所示为微弧氧化时间对微弧氧化陶瓷层厚度及致密性的影响曲线。陶瓷层厚度和致密性均随着微弧氧化时间的延长而增加,在 25 min 时厚度和致密性均达到最大值。在恒压模式下正负向电流作为反馈,由于陶瓷层在微弧氧化电源回路中存在电阻和电容效应,因此随着微弧氧化时间延长,陶瓷层厚度增加,受 $U=IR$ 约束,流经阳极的电流密度逐渐减小,尽管作用在试样的平均能量密度降低,但只要陶瓷层临界击穿电压小于试验采用的控制电压 U,陶瓷层就会被不断击穿,从而实现陶瓷层厚度不断增加。在微小电流作用下,陶瓷层较薄微区不断被击穿,从而提高陶瓷层致密性。

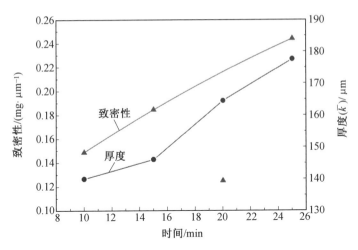

图 4.5　微弧氧化时间对微弧氧化陶瓷层致密性及厚度的影响

本章参考文献

［1］王志刚. 基于正交试验的氢化锆表面微弧氧化陶瓷层制备工艺研究［D］.
呼和浩特：内蒙古工业大学，2014.

［2］WANG Z G, CHEN W D, YAN S F, et al. Optimization of the electrical
parameters for micro-arc oxidation of ZrH$_{1.8}$ alloy［J］. Rare Metals, 2022, 41：
2324-2330.

［3］WANG Z G, CHEN W D, YAN S F, et al. Characterization of ZrO$_2$ ceramic
coatings on ZrH$_{1.8}$ prepared in different electrolytes by micro-arc oxidation［J］.
Rare Metals, 2022(3)：1043-1050.

［4］WANG Z G, CHEN W D, YAN S F, et al. Direct fabrication and
characterization of zirconia thick coatings on zirconium hydride as a hydrogen
permeation barrier［J］. Coatings, 2023, 13：884.

［5］SUBBAYA K M, SURESHA B, RAJENDRA N, et al. Grey-based taguchi
approach for wear assessment of SiC filled carbon-epoxy composites ［J］.
Materials & Design. 2012, 41(0)：124.

［6］王志刚，陈伟东，闫淑芳，等. 恒压模式下频率对 ZrH$_{1.8}$ 表面微弧氧化陶瓷
层的影响［J］. 稀有金属材料与工程，2016，44(01)：184-188.

［7］HWANG I J, HWANG D Y, KO Y G, et al. Correlation between current frequency and electrochemical properties of Mg alloy coated by micro arc oxidation[J]. Surface and Coatings Technology, 2012, 206(15): 3360.

[8] 王志刚, 陈伟东, 闫淑芳, 等. $Na_5P_3O_{10}$体系氢化锆表面微弧氧陶瓷层组织与阻氢性能的研究[J]. 稀有金属材料与工程, 2015, 44(11): 2877-2881.

第5章 磷酸盐体系氢化锆表面
微弧氧化陶瓷层生长与阻氢性能研究

本章基于正交试验设计理论和数理统计分析,对氢化锆表面微弧氧化陶瓷层制备工艺进行优化。本章主要借助 SEM/EDS、XRD 和真空放氢测试等分析测试方法对最佳优化工艺下制备的陶瓷层微观形貌、相结构、元素分布及其阻氢性能进行分析研究,辅助验证优化陶瓷层致密性、陶瓷层厚度以及陶瓷层与基体的结合特征;结合对陶瓷层形貌与组成的微观探究,探寻陶瓷层组织结构与阻氢性能之间的关系,为氢化锆表面防氢渗透层的制备提供理论依据。

5.1 恒压模式下氢化锆表面微弧氧化过程研究

5.1.1 正负向电流随时间的变化规律研究

在微弧氧化过程中,MAO 电源供电系统与电解液、基体表面陶瓷层及基体等组成通电回路,不同阶段陶瓷层具有不同的电阻和电容效应。在恒压模式下,随着陶瓷层厚度增加,正负向电流作为反馈随之变化。开展微弧氧化过程中正负向反馈电流变化规律的研究,有助于对微弧放电、陶瓷层击穿和陶瓷层生长特性等进行深入理解,从而指导试验过程中参数的设置和陶瓷层性能预测。图 5.1 所示为恒压模式下微弧氧化过程中正负向电流随时间的变化曲线。从图中可以看出,正负向电流随处理时间的变化趋势基本一致,正负向电流均先随时间呈近似线性增加,然后急速下降,之后缓慢下降趋向稳定。

依据微弧氧化原理及正负向电流变化特征,将微弧放电过程整体分为以下四个阶段。

(1)阶段 I。在反应初期 1~2 min 内负向电流迅速升高到最大值 6 A,此值略小于硅酸盐体系的最大负向电流 7 A,氢化锆表面产生大量气泡,此阶段为传统阳极沉积阶段,电极体系符合法拉第定律,体系电压和电流遵循欧姆定律。阳极氧化为后期微弧氧化的进行提供必需的表面钝化膜。

（2）阶段Ⅱ。在微弧氧化的 2～10 min 范围内，电流由最大值 6 A 迅速下降到约 1 A，且下降速率逐渐减小，进入火花放电阶段，等离子密度高达 $1×10^{22}$ m^{-3}，陶瓷层较薄位置不断被击穿，试样表面火花密集度减小，白色弧光变暗，表面仍均匀分布细小明亮火花，电流缓慢下降，进入阶段Ⅲ。

（3）阶段Ⅲ。在 10～20 min 范围内，电流进入缓慢下降阶段且下降幅度较小。

（4）阶段Ⅳ。陶瓷层被击穿困难，电流基本不变，试样表面局部出现较大弧斑，同时表面有跳动的细小火花，进入弧光放电阶段，在 20 min 之后电流达到平稳阶段。

在阳极沉积阶段 1～4 min 内，正向电压以大约以 1 A·min^{-1} 的速度升高到最大值 4 A；与负向电流相比，正向电流升高速度慢且最高值小于正向电流的最高值，变化规律整体滞后于负向电流。

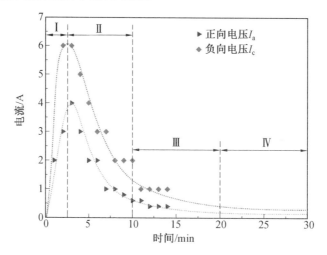

图 5.1　恒压模式下微弧氧化过程中正负向电流随时间的变化曲线

5.1.2　微弧氧化陶瓷层生长动力学

在微弧氧化过程中，开展陶瓷层生长动力学的研究是实现对陶瓷层成膜效果、陶瓷层厚度和致密性等性能指标有效控制的前提。通过对微弧氧化过程中陶瓷层厚度、生长速率等随时间变化规律的分析，探究陶瓷层的生长动力学，以期为实现对陶瓷层相关性能指标的有效控制提供理论依据。图 5.2 所示为恒压模式下微弧氧化过程中陶瓷层厚度随时间的变化曲线。其中陶瓷层的生长速率按下式计算：

$$v = \frac{\delta}{t} \tag{5.1}$$

式中　v——陶瓷层的生长速率（$\mu m \cdot min^{-1}$）；

　　　δ——陶瓷层厚度（μm）；

　　　t——微弧氧化时间（min）。

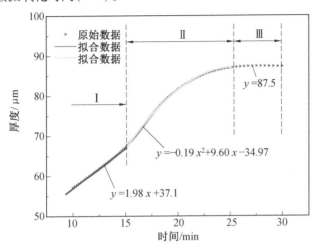

图 5.2　恒压模式下微弧氧化过程中陶瓷层厚度随时间的变化曲线

从图 5.2 中可以看出，随着微弧氧化时间的延长，陶瓷层厚度整体呈线性–半抛物线组合式趋势增长，随微弧氧化时间延长，生长速率逐渐降低，最大生长速率高达 6.5 $\mu m \cdot min^{-1}$ 左右，最小生长速率仅为 3.5 $\mu m \cdot min^{-1}$ 左右。根据陶瓷层生长速率的变化，可将微弧氧化过程分别分为以下三个阶段。

（1）阶段 I（0～15 min），线性生长模型 $y = 19.8x + 37.1$。

（2）阶段 II（15～25 min），抛物线生长模型 $y = -0.19x^2 + 9.60x - 34.97$。

（3）阶段 III（25～30 min），溶解–生长动态平衡 $y = 87.5$。

从电化学的角度分析，微弧氧化陶瓷层形成可描述为以下过程：

$$ZrH_2 - 2e^- \longrightarrow Zr^{2+} + H_2 \uparrow \quad （阳极溶解） \tag{5.2}$$

$$4OH^- - 4e^- \longrightarrow 2H_2O + 2O(O_2 \uparrow) \tag{5.3}$$

$$或者 \quad 2H_2O - 4e^- \longrightarrow O_2 \uparrow + 4H^+ \tag{5.4}$$

$$Zr^{4+} + x\,OH^- \longrightarrow [Zr(OH)_x]_{gel}^{n-} \quad （涂层形成） \tag{5.5}$$

$$[Zr(OH)_x]_{gel}^{n-} \longrightarrow Zr(OH)_4 + (x-4)OH^- \tag{5.6}$$

$$Zr(OH)_4 \longrightarrow ZrO_2 + 2H_2O \tag{5.7}$$

恒压模式下,微弧氧化初期陶瓷层厚度较小,试样表面能量密度较大。因此,在第Ⅰ阶段,陶瓷层几乎以恒定的生长速率生长;随着微弧氧化时间的延长,陶瓷层厚度增加,受 $U=IR$ 约束流经阳极的电流密度逐渐减小,尽管作用在试样的平均能量密度降低,但只要陶瓷层临界击穿电压小于试验采用的控制电压 U,陶瓷层就会被不断击穿,从而陶瓷层厚度不断增加。当氧化反应进行到第Ⅱ阶段,此时陶瓷层厚度高达 80 μm,高压击穿难以形成离子反应通道(放电微孔),阻碍 Z^{4+} 及 OH^- 等离子的扩散,从而陶瓷层生长速率逐渐减小。当反应进行到第Ⅲ阶段(25~30 min)时,陶瓷层的击穿电压接近试验控制电压 U,因此,陶瓷层难以被击穿;另外,电解液平均温度高达 35 ℃,降低试样表面热量的扩散驱动力,使陶瓷层溶解速度增加。此时,陶瓷层与电解液达成溶解-生长动态平衡,因此在第Ⅲ阶段陶瓷层生长率基本为0,陶瓷层厚度不再增加,陶瓷层厚度随时间的延长呈现半抛物线增长趋势。基于上述分析,微弧氧化过程中微区放电特性对氧化锆陶瓷层的生长厚度和致密性具有重要影响。研究表明,微弧氧化放电过程受正负向电流/电压脉冲波形,即电流/电压脉冲强度和脉冲频率控制。因此,在陶瓷层生长的第Ⅰ阶段和Ⅱ阶段是陶瓷层厚度增加的主要阶段,第Ⅲ阶段随着微弧氧化的进行,陶瓷层致密性得到有效改善,即第Ⅲ阶段陶瓷层致密化过程对于提升其阻氢渗透性能具有重要影响。

5.2　氢化锆表面微弧氧化陶瓷层的表征

5.2.1　微弧氧化陶瓷层的微观形貌

采用磷酸盐体系恒压模式,在优化电参数下对氢化锆进行微弧氧化,制得陶瓷层的表面形貌如图 5.3(a)、(b)所示。在微弧氧化初始阶段,氢化锆表面开始出现明亮而均匀的火花,火花在试样表面随机游动且随着时间的延长弧光减弱,火花数量减少直至消失。从图 5.3(a)中可以看出,陶瓷层整体比较平整,表面局部存在微裂纹,如图 5.3(a)中箭头 3 所示。另外,陶瓷层表面整体分布微米级颗粒状和条状堆积物,如图 5.3(a)中箭头 1 和 2 所示。从图 5.3(a)的局部放大图(图 5.3(b))中可以看出,在微弧氧化陶瓷层表面分布小于 1 μm 的微弧放电微孔,而微孔和熔融颗粒之间交替覆盖连接,局部微孔熔融连通,这些微孔也是陶瓷层与电解液离子交换的物质通道。

　　微弧氧化初期,在试样表面通过普通阳极氧化生成极薄的氧化膜,此电绝缘陶瓷层的形成是发生介电击穿的必要条件。当氧化锆陶瓷层中电场强度达到足以发生由碰撞或隧道效应而电离时,陶瓷层开始击穿放电,标志着微弧氧化陶瓷层生长的开始。当交流脉冲电压处于正半周期时,氢化锆处于阳极状态,在脉冲峰值瞬时高压作用下试样表面形成等离子体电弧,在等离子体电弧的高温($10^3 \sim 10^4$ K)、高压($10^2 \sim 10^3$ MPa)作用下,放电微孔内熔融氧化物通过放电微孔向电解液喷射;当电压处于负半周期时,由微孔喷出的熔融氧化物在试样表面呈现流动性分布。因此,在低温电解液的“激冷”作用下,熔融氧化物在试样表面迅速形核结晶,在试样表面形成颗粒状和条状分布的堆积物以及随机分布的微米级放电微孔。试样表面局部微裂纹的产生主要由于高温熔融物在低温电解液的快速冷却下,结晶形成不同相结构氧化物,不同晶格参数氧化物的膨胀系数不同,因此热应力过大导致陶瓷层开裂,如图 5.3(a)中箭头 3 所示。

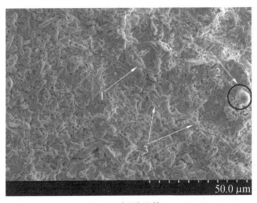

(a) 表面形貌

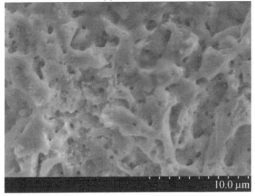

(b) (a)的局部放大形貌图

图 5.3　微弧氧化陶瓷层的表面形貌和截面形貌

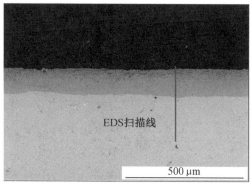

(c) 截面形貌

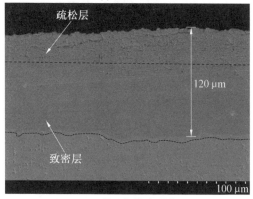

(d) (c)的局部放大形貌

续图 5.3

图 5.3(c)、(d)所示为微弧氧化陶瓷层的截面形貌。研究表明,在磷酸盐电解液体系 $ZrH_{1.8}$ 表面制得陶瓷层的平均厚度约为 120 μm,陶瓷层致密连续与基体接触良好,总体分为过渡层、致密层和疏松层。过渡层厚度约为 2 μm;致密层均匀与基体犬牙交错相互渗透,与基体以冶金方式结合;外层为疏松层,介于疏松层与过渡层部分为致密层,疏松层约占总陶瓷层厚度的 30%,且疏松层整体较致密且裂纹孔洞等缺陷较少,如图 5.3(d)所示。

微弧氧化初期,当脉冲电压处于正半周期时,氢化锆基体处于阳极状态。因此,电解液中 OH^- 等负离子在电场的作用下向氢化锆基体附近移动,在强电场的作用下富氧离子将吸附于表面能较低位置发生等离子体、电化学等反应,同时释放大量热;氢化锆作为活性电极而优先放电在基体表面产生 Zr^{4+},在电场、离子浓度梯度、温度梯度和磁场等驱动力的作用下,Zr^{4+} 与 OH^- 等负离子迅速发生反应附着于基体表面,在等离子放电产生高能量的作用下熔融烧结结晶,与基体以冶

金方式结合的过渡氧化锆陶瓷层。在恒压模式下,随着陶瓷层厚度的增加,临界
击穿电流减小,使陶瓷层击穿困难,陶瓷层致密性下降,因此,氧化锆陶瓷层呈现
外层为疏松层,内层为致密层的分布状况。

5.2.2　微弧氧化陶瓷层的物相组成

在恒压模式磷酸盐体系下,优化电参数制备微弧氧化陶瓷层的 XRD 谱图,
如图 5.4 所示。从图 5.4 中可以看出,陶瓷层整体主要由单斜相(m-ZrO$_2$)、四方
相(t-ZrO$_2$)和微量立方相(c-ZrO$_2$)等混合相氧化锆组成。研究表明,陶瓷层的
表层主要由 m-ZrO$_2$ 组成,体积分数高达 70% 左右,而 t-ZrO$_2$ 体积分数约为 30%,
t-ZrO$_2$ 最强峰(101)位于 $2\theta = 30.259°$ 处;陶瓷层内层 t-ZrO$_2$ 最强峰(101)位于
$2\theta = 30.248°$ 处,且相对于表层其相对强度急剧下降,体积分数仅为 10% 左右。
而 m-ZrO$_2$ 体积分数高达约 90%;在靠近基体底层陶瓷层中,位于 $2\theta = 32.470°$ 位
置出现与氢化锆基体相关的最强峰(101),如图 5.4 所示。

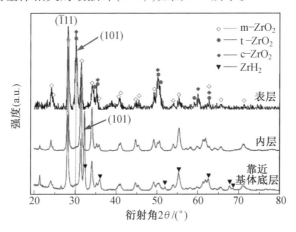

图 5.4　优化电参数制备微弧氧化陶瓷层的 XRD 谱图

基于以上分析,不难发现致密氧化锆陶瓷层相组成为 m-ZrO$_2$、t-ZrO$_2$ 和
c-ZrO$_2$ 的混合相氧化锆,而靠近基体部分主要为 m-ZrO$_2$。从氧化锆陶瓷层表层
到靠近氢化锆基体底层,m-ZrO$_2$ 随着深度增加,其含量呈现逐渐增长趋势,而
t-ZrO$_2$ 和 c-ZrO$_2$ 则随着陶瓷层深度增加含量逐渐降低。相关文献通过水腐蚀法
在 Zr-4 合金表面制备氧化锆薄膜中发现同样的分布规律。m-ZrO$_2$ 为常温稳态
相,而 t-ZrO$_2$ 和 c-ZrO$_2$ 属于高温亚稳态相,t-ZrO$_2$ 在 1 240 ℃ 以上相转变生成,而
c-ZrO$_2$ 为高温相,在 2 300 ℃ 以上相转变生成。在微弧氧化过程中,由于微弧放
电、电子雪崩等作用下,放电微孔中局部高温足以使氧化锆陶瓷层在生长的过程

中微冶金烧结。因此,在较低温度电解液的作用下使熔融氧化物形核结晶发生相变,在不同的冷却速度和生长环境下生成具有不同相结构的氧化锆陶瓷层。

相关文献指出,亚稳态相 t-ZrO$_2$ 和 c-ZrO$_2$ 的生成很大程度受电解液对高温熔融氧化物冷却速度的影响,而纳米级颗粒或杂质元素同样对 ZrO$_2$ 的生成具有重要影响。此外,由于氢化锆表面所制备氧化锆陶瓷层中基本不含有杂质元素或颗粒,因此可认为陶瓷层中温度场分布是氧化锆相转变的主要影响因素。Wang 等研究 MAO 陶瓷层不同阶段的生长行为,表明在微弧氧化过程中陶瓷层的生长主要表现为内生生长,内生生长机理模型如图 5.5 所示(图中,A 为放电只发生在表面,B 为放电穿于整个陶瓷层,C 为放电介入 A 和 B 之间);另外,由于氧化锆具有低的热导率(约为 8.2 W·m^{-1}·K^{-1}),因此在氢化锆基体与陶瓷层界面到电解液作用将呈现负的温度梯度,从而导致陶瓷层不同深度具有不同的冷却速率。通过结合形核率经典稳态形核方程和热力学条件,可有效分析冷却速率对氧化锆形核的影响机理,根据经典形核理论可知,形核率经典稳态形核方程可表示为

$$I = A\exp\left[-(\Delta G^* + Q)/kT\right] \tag{5.8}$$

式中　k 和 A——常数;

　　　ΔG^*——临界形核功;

　　　Q——扩散激活能。

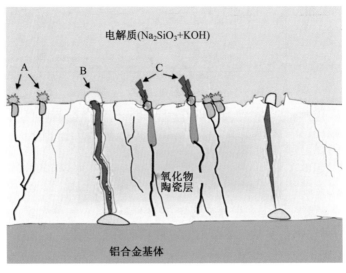

图 5.5　微弧氧化过程等离子体放电示意图及向内生生长机理模型

对于陶瓷层表层高温相在微弧氧化电解液体系中处于急速冷却条件(冷却速率高达 10^6 K · s^{-1})，熔融态 ZrO_2 具有极大的过冷度。根据式(5.8)可知，随着过冷度的增加，$A[\exp(-\Delta G^*)/kT]$ 项增大，$A[\exp(-Q)/kT]$ 则随着过冷度增加而减小。在急速冷却条件下，形核率 I 主要取决于扩散激活能 Q，而非临界形核功 ΔG^*，因此高温相在急速冷却的条件下 $A[\exp(-Q)/kT]$ 急剧下降，高温相得以保存至室温，故氧化锆陶瓷层表层高温相 t-ZrO_2 含量较高。然而，在陶瓷层内层温度梯度较小，可认为 $\Delta T \to 0$，此时 $\Delta H_m^{L \to m}$ 及 $\Delta S_m^{L \to m}$ 可近似看作常数，因而熔融物由液态向 m-ZrO_2 和 t-ZrO_2 转变的相变驱动力 $\Delta G_v^{L \to m}$ 和 $\Delta G_v^{L \to t}$ 可表示为

$$\Delta G_v^{L \to m} = \Delta H_m^{L \to m}\left(1 - \frac{T}{T_m^m}\right) \tag{5.9}$$

$$\Delta G_v^{L \to t} = \Delta H_m^{L \to t}\left(1 - \frac{T}{T_m^t}\right) \tag{5.10}$$

式中　$\Delta H_m^{L \to m}$ 和 $\Delta H_m^{L \to m}$——熔融物由液态向 m-ZrO_2 和 t-ZrO_2 转变所释放的热量；

T_m^m 和 T_m^t——m-ZrO_2 和 t-ZrO_2 的转变温度。

$\Delta G_v^{L \to m}$ 和 $\Delta G_v^{L \to t}$ 随温度 T 的变化曲线如图 5.6 所示。在陶瓷层内部由于冷却速率小，因此熔融氧化锆在形核的过程中，形核率主要受临界形核功 ΔG^* 的影响。由式(5.9)和式(5.10)可知，在微弧氧化过程中，当陶瓷层熔融氧化物温度分别降低到 T_m^m 和 T_m^t 以下时，$\Delta G_v^{L \to m}$ 和 $\Delta G_v^{L \to t}$ 小于零热力学上满足自发形核条件；当陶瓷层中熔融氧化锆冷却速率较小时，此时温度大于临界温度 T_0 且存在关系式 $\Delta G_v^{L \to t} < \Delta G_v^{L \to m}$；另外，临界形核功 ΔG^* 与形核驱动力存在以下关系：

$$\Delta G^* = \frac{16\pi\sigma^3}{3(\Delta G_v)^3} \tag{5.11}$$

可见，在较小的冷却速率下，熔融氧化物向 m-ZrO_2 转变具有较小的临界形核功，由式(5.8)可知，熔融物向 m-ZrO_2 转变的形核率远大于向 t-ZrO_2 转变的形核率。因此 m-ZrO_2 随着陶瓷层深度增加，其含量呈现逐渐增长趋势，而 t-ZrO_2 和 c-ZrO_2 则随着陶瓷层深度增加，其含量逐渐降低。

图 5.7 所示为微弧氧化陶瓷层截面 EDS 元素分布谱图。从图中可以看出，微弧氧化陶瓷层主要由 $ZrH_{1.8}$ 基体元素 Zr 及溶液元素 O 组成，没有发现 Na、P 等电解液元素。Zr 的质量分数为 28.89%，O 的质量分数为 71.11%，O 与 Zr 元素原子数分数比约为 2.32%(接近 ZrO_2 理论原子数配比)。此外，Zr、O 元素浓度沿

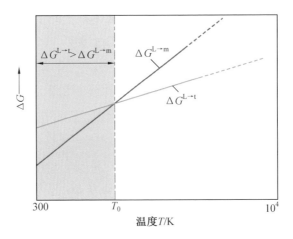

图 5.6　$\Delta G_{v}^{L \rightarrow m}$ 和 $\Delta G_{v}^{L \rightarrow t}$ 随温度 T 的变化曲线

陶瓷层截面线扫描方向呈现不同的分布状况,Zr 元素在 $ZrH_{1.8}$ 基体中含量高于陶瓷层中含量,而在陶瓷层表面附近 Zr 元素含量明显低于陶瓷层内部 Zr 元素含量;O 元素分布状况与 Zr 元素相反,$ZrH_{1.8}$ 基体中含氧量最少,陶瓷层次之,陶瓷层表面附近含氧量最多。

　　在双向脉冲电压的作用下,在强电场中使相关离子进入放电通道与基体元素参与反应,因此在微弧氧化过程中基体表面将生成与电解液组成相关的化合物,其中最主要的化合物是基体氧化物。考虑微弧氧化过程中熔融氧化物由于冷却速度不同和应力等因素造成晶格的畸变,使氢化锆基体表面产生不定型 ZrO_2 氧化物,结合对陶瓷层 XRD 及 EDS 分析,可以确定陶瓷层主要由 ZrO_2 组成;而 Na、P 等电解液元素没有直接参与反应,可能是由于在恒压模式下双极性脉冲电源制备陶瓷层较致密,电解液中 $P_3O_{10}^{5-}$、Na^+ 等不易通过放电通道进入陶瓷层内,导致电解液中的相关离子没有参与反应;也可能是微弧氧化过程中生成 Zr 的磷酸盐在高温下不稳定而分解。研究表明,尽管 $P_3O_{10}^{5-}$、Na^+ 等溶液离子在微弧氧化过程中没有直接参与反应,但电解液中阴阳离子和带电基团对起弧电压造成影响;此外,在起弧后这些溶液离子能有效调整电解液的导电性以保证微弧氧化持续进行。研究表明,与硅酸盐体系相比,磷酸盐电解液体系微弧氧化陶瓷层空洞更细小,具备更高的致密性。

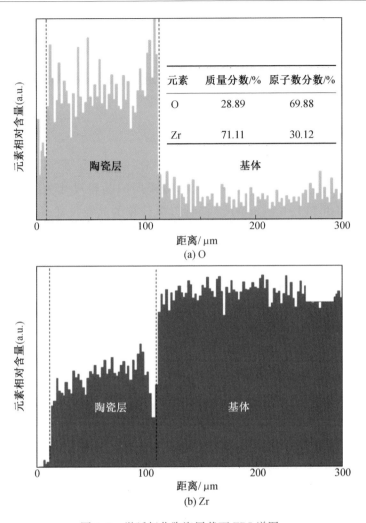

元素	质量分数/%	原子数分数/%
O	28.89	69.88
Zr	71.11	30.12

(a) O

(b) Zr

图 5.7　微弧氧化陶瓷层截面 EDS 谱图

5.2.3　微弧氧化陶瓷层的晶粒尺寸

采用 Williamson-Hall(W-H)方程对微弧氧化氧化锆陶瓷层的平均晶体晶粒
尺寸和晶格应变进行定量化计算,可表示为

$$\beta\cos\theta = k\lambda/D + 4\varepsilon\sin\theta \qquad (5.12)$$

式中　k——谢乐(Scherrer)常数,数值等于 1.0;

　　　　λ——X 射线波长,$\lambda(CuK\alpha2) = 1.541$ Å;

　　　　β——不同晶面衍射峰的半峰宽(Full Width at Half Maximum,FWHM);

　　　　θ——衍射角。

基于 W—H 方程,分别以 $4\sin\theta$ 和 $\beta\cos\theta$ 作为横坐标和纵坐标,通过拟合获得斜率及截距值,即可得到晶粒平均应变和晶粒尺寸,如图 5.8 所示。另外,采用谢乐法(Debye-Scherrer)公式,依据单斜氧化锆($\bar{1}11$)晶面最强峰对 MAO 陶瓷层不同深度晶粒的平均尺寸大小进行计算:

$$D = \frac{k\lambda}{\beta\cos\theta} \tag{5.13}$$

MAO 陶瓷层不同深度的晶粒大小和晶格应变分布见表 5.1。研究表明,通过 MAO 技术在氢化锆表面制备氧化锆陶瓷层的晶粒尺寸为纳米级别,采用 Williamson-Hall 和 Debye-Scherrer 两种方法计算的晶粒尺寸基本一致,分布在 21.5 ~ 33.4 nm 之间。氧化锆陶瓷层表层和靠近基体的底层具有相近的晶粒尺寸,分别为 22.8 nm 和 24 nm,位于表层与底层之间的陶瓷层晶粒较大,平均晶粒尺寸约为 31.6 nm。由于微弧氧化表层晶粒尺寸结晶度和纳米化的影响,XRD 谱图存在较强的背底噪声,如图 5.4 所示。因此,通过全谱拟合可获取的衍射峰信息受到极大限制,是导致两种计算方法获得的晶粒尺寸存在偏差的直接原因,如图 5.8(c)和 5.8(d)所示。图 5.8(c)和 5.8(d)中线性拟合斜率均为负值,表明微弧氧化氧化锆陶瓷层近表面区域存在压应力,真空放氢处理前后应变分别为 −0.004 23 和 −0.002 99,压应力主要归因于微弧氧化制备氧化锆陶瓷层的多孔特性以及氧化锆相变引起的体积膨胀效应。相比而言,在氧化锆陶瓷层的中间层和底层均表现为拉应力,且陶瓷层与靠近基体的底层应力最小,仅为 0.000 33,表明陶瓷层与基体具有优异的物理匹配性。

表 5.1　MAO 陶瓷层不同深度的晶粒大小和晶格应变分布

MAO 陶瓷层	谢乐法 D/nm	W-H 法	
		D/nm	$\varepsilon(10^{-4})$
底层	24	21.5	3.3
中间层	31.6	33.4	12.6
表层	22.8	12	−42.3
真空放氢后表层	20.6	14.1	−29.9

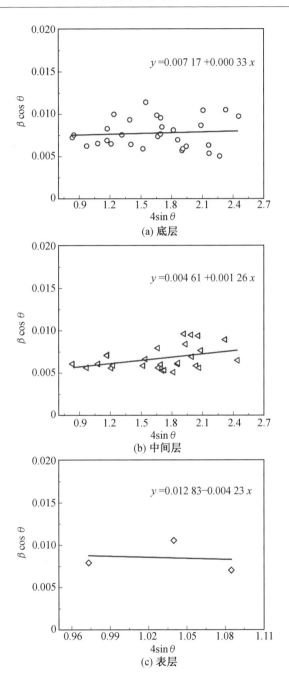

图 5.8　不同区域微弧氧化氧化锆陶瓷层的 Williamson–Hall 曲线

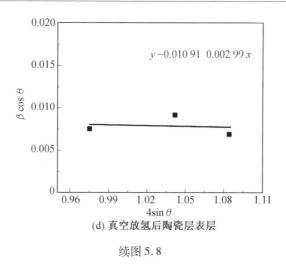

(d) 真空放氢后陶瓷层表层

续图 5.8

晶粒大小主要取决于晶核的生长速率与形核速率。由式(5.8)可知,晶核的形核率主要受冷却速率和扩散速率等影响;晶核的生长速率主要受晶核界面推移速度的控制,而界面推移属于动力学范畴,主要受扩散速率和扩散空间等制约。对于原子扩散系数 $D = D_0 \exp(-Q/kT)$,当温度 T 越高,扩散系数 D 越大,有利于晶界迁移从而促进晶粒长大。在微弧氧化过程中,由于陶瓷层内的生长习性以及氧化锆本身低导热物理属性,导致基体表面陶瓷层由内层到外层逐渐呈现负的温度梯度,从而导致陶瓷层不同深度位置具有不同温度。陶瓷层外层是在极大过冷度条件下形核长大,原子扩散系数(D)较小,抑制晶界迁移,导致外层晶粒具有较小的尺寸;由于陶瓷层内层在过冷度较小的条件下形核结晶,具有较大的原子扩散系数,有利于晶核界面推移长大,因此位于陶瓷层内层的晶粒尺寸较大;在靠近晶体底层陶瓷层晶粒长大受原子扩散和基体的制约。Zou 等通过 TEM 技术表征,证实在微弧氧化陶瓷层与合金基体界面处靠近基体侧,存在大量的尺寸为几纳米至十几纳米的有序结构,且基体与陶瓷层之间结合为冶金方式过渡,如图 5.9 所示。理论上底层陶瓷层具有最小过冷度,原子扩散系数较大从而利于晶粒长大,但是氢化锆基体极大限制晶粒界面推移,最终导致底层晶粒较内层晶粒尺寸较小。此外,理论上不同陶瓷层单斜相氧化锆($\bar{1}$11)晶面衍射角测试结果应该相同。从表 5.1 中可以看出,然而实际上对于 MAO 陶瓷层不同深度($\bar{1}$11)晶面衍射峰存在不同程度的偏移现象。这是由于微弧氧化过程中熔融氧化锆在电解液的激冷作用下产生热应力,导致晶格畸变。

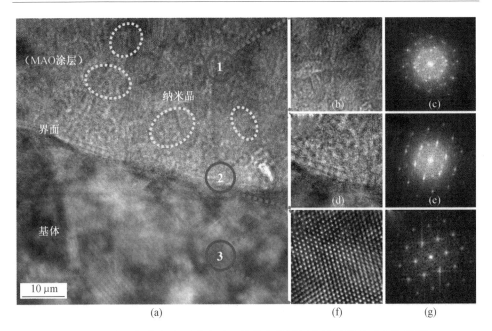

图 5.9　微弧氧化陶瓷层膜基界面处的高分辨图像及反傅里叶变换谱图

5.3　氢化锆表面微弧氧化陶瓷层阻氢性能
及放氢损伤行为研究

5.3.1　微弧氧化陶瓷层的阻氢性能评价

　　基于放氢试验分析氢化锆基体的放氢特性,可有效评估防氢渗透层的阻氢性能。图 5.10 所示为微弧氧化处理前后氢化锆的氢渗透降低因子对比结果。研究表明,带陶瓷层氢化锆的起始放氢温度为660 ℃,远滞后于无陶瓷层氢化锆的起始放氢温度 500 ℃;相比而言,在放氢阶段,带陶瓷层氢化锆的放氢速率远小于无陶瓷层氢化锆的放氢速率,表明在氢化锆表面微弧氧化制备氧化锆陶瓷层对氢渗透具有明显的阻碍作用。随着温度增加至 900 ℃ 左右,放氢曲线出现拐点且氢分压呈垂直急剧上升趋势,表明氧化锆陶瓷层在此温度下失效,导致放氢速率急剧增加。

　　图 5.11 所示为微弧氧化处理前后氢化锆的氢渗透降低因子对比结果。研究表明,带陶瓷层的氢化锆在 1×10^{-4} Pa 真空环境、650 ℃ 温度下,保温 50 h 失氢

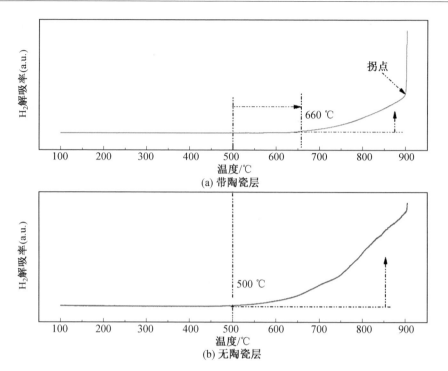

图 5.10　微弧氧化处理前后氢化锆的氢渗透降低因子对比结果

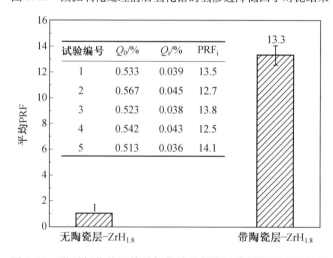

试验编号	$Q_0/\%$	$Q_i/\%$	PRF_i
1	0.533	0.039	13.5
2	0.567	0.045	12.7
3	0.523	0.038	13.8
4	0.542	0.043	12.5
5	0.513	0.036	14.1

图 5.11　微弧氧化处理前后氢化锆的氢渗透降低因子对比结果

质量仅为无陶瓷层试样失氢质量的 1/13,阻氢性能是原位反应制备氧化锆陶瓷层的 4～8 倍,与原位反应制备氮化物陶瓷层相当,远高于溶胶-凝胶制备氮化物陶瓷层,见表 5.2。可见,本节微弧氧化制备氧化锆陶瓷层具有优越的阻氢性能。

表 5.2 基于不同方法制备氢化锆表面阻氢渗透层的氢渗透降低因子

材料体系	涂层制备技术	放氢试验条件	PRF
ZrO$_2$	MAO	650 ℃×10 h	13.30
ZrO$_2$	原位反应	600 ℃×10 h	3.48
ZrN	原位反应	600 ℃×10 h	9.40
ZrO$_2$	原位反应	630 ℃×10 h	2.17
ZrO$_2$	原位反应	650 ℃×10 h	1.59
SiO$_2$–P$_2$O$_5$	溶胶–凝胶	600 ℃×6 h	3.08

5.3.2 微弧氧化陶瓷层的放氢损伤行为

图 5.12 所示为微弧氧化处理氢化锆真空放氢试验前后的 XRD 谱图。研究表明,经真空放氢试验处理后,氧化锆陶瓷层相组成基本没发生变化,主要由单斜相(m-ZrO$_2$)、四方相(t-ZrO$_2$)和少量的立方相(c-ZrO$_2$)组成,没有发现氢化锆基体衍射峰出现,说明试样经高温放氢处理后,基体表面陶瓷层物相结构高温稳定性优异,且陶瓷层连续完整未发现陶瓷层脱落的现象。另外,采用 Williamson-Hall 和 Debye-Scherrer 方法对高温放氢处理前后氧化锆陶瓷层的晶粒尺寸和微观晶格应变进行定量化研究,计算结果见表 5.1。研究表明,高温放氢处理对陶瓷层晶粒尺寸基本无影响,相比而言,高温放氢后晶格应变降低约 30%,主要归因于高温及局部放氢引起的陶瓷层内部残余应力释放。

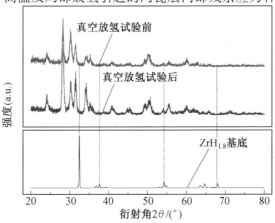

图 5.12 微弧氧化处理氢化锆真空放氢试验前后的 XRD 谱图

图 5.13 所示为微弧氧化处理氢化锆真空高温放氢试验前后的交流阻抗 Nyquist 曲线的实部(图中，Z''_{In} 为阻抗的实部，Z'_{Re} 为阻抗的虚部)。与 650 ℃ 高温放氢前后微弧氧化处理氢化锆的电化学阻抗谱(EIS)特征基本一致，均由高频下的容抗弧和低频下的"扩散尾"组成，表明高温真空放氢过程由电化学反应控制转为扩散控制。研究表明，提高防氢渗透层的阻氢性能可以从宏观和微观两个层面考虑：① 微观层面影响氢渗透的因素包括晶体结构、金属−氢键能、氧空位浓度和氧空位分布等，比如氢原子可以被氧空位捕获形成 O—H 键，因此四方相结构氧化锆具有高浓度氧空位，被认为是阻氢性能优异的陶瓷层材料；② 宏观/介微观层面决定防氢渗透层阻氢性能的因素主要包括陶瓷层的完整性和空洞、裂纹等缺陷，因此保证陶瓷层完整性和致密性是提升陶瓷层阻氢渗透性能的前提。基于上述分析，微弧氧化制备氧化锆防氢渗透层具有可观的应用前景。

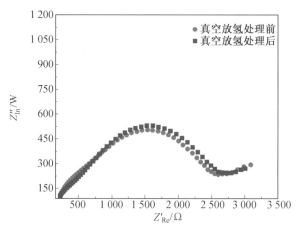

图 5.13　微弧氧化处理氢化锆真空高温放氢试验前后的交流阻抗 Nyquist 曲线

5.4　微弧氧化陶瓷层表面封孔防氢渗透层制备与性能

5.4.1　氢化锆表面微弧氧化陶瓷层溶胶−凝胶法封孔工艺概述

微弧氧化技术具有工艺简单、厚度易于控制、对工件形状结构适应性强、氧化锆陶瓷层与氢化锆合金基体表面产生冶金结合等技术优势。微弧氧化处理工艺对基体材料热输入小，基本不会影响基体的力学性能和核性能等性能指标。

因此,在不影响基体材料的使用前提下,采用微弧氧化技术在氢化锆表面原位制备复相氧化锆陶瓷层,被认为是解决氢化锆慢化材料高温失氢问题的有效方法。然而,微弧氧化制备复相氧化锆陶瓷层的过程中存在亚稳态四方相向单斜相转变,伴随4.5%的体积膨胀和9°的切应变效应,导致陶瓷层中存在微裂纹缺陷;此外,受微弧放电特性决定,微弧氧化陶瓷层表面存在大量微纳尺度的放电残留微孔,这些微孔为氢气提供渗透通道,是诱发氢化锆放氢的潜在缺陷。微弧氧化过程中为保证稳定微弧放电和操作,需要在氢化锆合金打孔,裂纹、微孔等缺陷的存在一定程度上削弱了氧化锆陶瓷层的阻氢效果,所以对微弧氧化氧化锆陶瓷层表面进行封孔处理十分必要。常见的封孔工艺技术可分为热封孔、冷封孔和传统的有机高聚物封孔,但上述封孔工艺均存在不同程度的弊端,极大限制了合金封孔处理中的应用,如能源成本高、水质要求高、封孔效率低、环境污染严重和陶瓷层易老化等弊端。传统合金微弧氧化陶瓷层封孔处理工艺采用有机封孔,但有机陶瓷层抗划伤和中高温条件下的保护能力较差,而现有的陶瓷层无机封孔工艺比较复杂,且直接在陶瓷层表面制备无机陶瓷层实施难度较大。

溶胶-凝胶技术是 20 世纪末 21 世纪初硅酸盐领域的一项重要新技术,可以利用有机物为起始原料制备无机陶瓷层,同时具有简化工艺和减少环境污染的优势。溶胶-凝胶法制备封孔层的原理是胶体化学,其工艺过程可描述为:以无机盐或有机盐为前驱体,溶于水或有机溶剂形成透明溶胶体系,前驱体经水解或醇解反应形成活性单体,活性单体通过缩聚反应形成溶胶,经涂覆在基体表面形成连续覆盖薄膜,然后依次经过干燥、煅烧和烧结等热处理工艺形成金属氧化物薄膜。在制备溶胶-凝胶薄膜过程中,溶胶-凝胶法的化学过程根据原料不同可以分为有机工艺和无机工艺,根据溶胶-凝胶过程的不同可以分为胶体型溶胶-凝胶过程、无机聚合物型溶胶-凝胶过程和络合物型溶胶-凝胶过程,其中有机途径是通过有机醇盐的水解与缩聚形成溶胶,无机途径则是通过某种方法制得的氧化物小颗粒稳定悬浮在某种溶剂中形成溶胶。在凝胶过程中,胶粒相作用变成三维空间骨架或网络结构,凝胶网络间充满了失去流动性的溶剂,这种特殊的网架结构使凝胶具有高比表面积和高烧结活性,从而赋予溶胶-凝胶薄膜独特的物化特性。

针对微弧氧化存在的微裂纹和固有多孔缺陷,将更进一步提升氢化锆合金表面微弧氧化陶瓷层的阻氢效果及性能稳定性为目标,内蒙古工业大学陈伟东教授课题组依托内蒙古自治区薄膜与涂层重点试验室,开展基于以异丙醇铝有机醇盐作为铝源、硝酸铈作为铈源制备 Al_2O_3-CeO_2 复合溶胶封孔剂,采用溶胶-凝胶提拉法在微弧氧化氢化锆合金表面制备具有连续致密、结合力强和阻氢性能优异的 Al_2O_3-CeO_2 溶胶封孔层,初步探究铝溶胶摩尔浓度对封孔层厚度、物相结构、机械结合力、放氢特性和阻氢性能的影响规律,为工程应用提供理论和工艺指导。

5.4.2　不同铝溶胶摩尔浓度对 Al_2O_3-CeO_2 封孔层制备工艺

在第 4 章和第 5 章微弧氧化工艺优化的基础上,本节重点研究不同铝溶胶摩尔浓度对封孔层结构性能的影响。封孔溶胶制备以异丙醇铝($C_9H_{21}AlO_3$)和硝酸铈($Ce(NO_3)_3$)为先驱体,制备均匀透明的 Al_2O_3-CeO_2 复合溶胶,然后采用溶胶-凝胶提拉法在微弧氧化氢化锆合金表面制备具有连续致密、结合力强和阻氢性能优异的 Al_2O_3-CeO_2 溶胶封孔层进行封孔处理,其工艺参数见表 5.3。图 5.14 所示为浸渍提拉设备示意图,主要由铁架台(带铁夹)、载物台、烧杯、水管、水槽、水箱和水泵组成。

表 5.3　微弧氧化工艺及浸渍提拉镀膜封孔工艺参数

微弧氧化工艺参数					
正向电压/V	负向电压/V	脉冲频率/Hz	正/负向占空比/%	正/负向脉冲	时间/min
380	160	200	50	1	15

浸渍提拉镀膜封孔工艺			
提拉速度/(mm·s⁻¹)	升温速率/(℃·s⁻¹)	热处理温度/℃	保温时间/h
2	5	550	3

图 5.15 所示为不同铝溶胶摩尔浓度对 Al_2O_3-CeO_2 封孔层厚度的影响。研究表明,封孔层厚度整体呈先增加后降低趋势,当铝溶胶摩尔浓度为 0.1 ~ 0.2 mol·L^{-1}时,封孔层厚度变化不明显(约为 0.2 μm),表明溶胶具有较好的流动性可渗透到微孔及裂纹中,但当铝溶胶摩尔浓度为 0.1 ~ 0.2 mol·L^{-1}时,生成 Al_2O_3-CeO_2 氧化物体积较小,不足以使涂层增厚。当铝溶胶摩尔浓度为 0.3 mol·L^{-1}时,封孔层厚度迅速增大到 2.2 μm,受黏性和浓度两方面影响。随着铝溶胶摩尔浓度提高,其浓度和黏性均增加,导致生成 Al_2O_3-CeO_2 氧化物体积

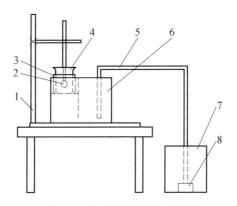

图 5.14　浸渍提拉设备示意图

1—铁架台(带铁夹)；2—试样；3—载物台；4—烧杯；5—水管；6—水槽；7—水箱；8—水泵

增加。从提拉工艺角度,溶胶黏性增加使溶胶与微弧氧化层的结合相对更紧密,黏性足以承受提拉过程中溶胶的自身重力,产生的滴落损失相对较小,增量相对较多,但黏度太大会影响涂覆及涂层质量;从热处理过程角度,在热处理过程中,溶胶涂覆层与微弧氧化陶瓷层存在热膨胀应力问题,强结合力有益于抵抗涂层开裂和脱落,保证封孔层的完整性和连续性。当铝溶胶摩尔浓度为 0.3 ~ 0.5 mol·L^{-1}时,封孔层厚度呈逐渐降低趋势。当铝溶胶摩尔浓度为 0.5 mol·L^{-1}时,封孔层厚度约为 1.3 μm,厚度降低主要是随着铝溶胶摩尔浓度增加,溶胶-凝胶提拉法厚度均匀性较差,在热处理时由于膨胀热应力导致开裂脱落,封孔层厚度减小;另外,随着铝溶胶摩尔浓度增加提拉过程溶胶吸附量减小,同样会导致封孔层厚度减小。

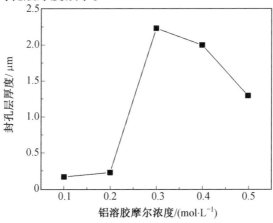

图 5.15　不同铝溶胶摩尔浓度对 Al_2O_3-CeO_2 封孔层厚度的影响

综上分析可知,铝溶胶摩尔浓度应不超过 0.5 mol·L⁻¹。为证实上述推断,利用表面原子力显微镜(Atomic Force Microscope,AFM)对不同铝溶胶摩尔浓度制备 Al_2O_3-CeO_2 封孔层的三维形貌及粗糙度进行可视化研究,如图 5.16 所示。研究表明,当铝溶胶摩尔浓度为 0.1 mol·L⁻¹,封孔层表面的平均粗糙度最大(为 2.457 μm),这主要是由于溶胶流动性较好但黏性较差,导致提拉时溶胶难以黏附于陶瓷层表面,更易积聚于微弧氧化陶瓷层表面的凹洼、裂缝位置,此时所测

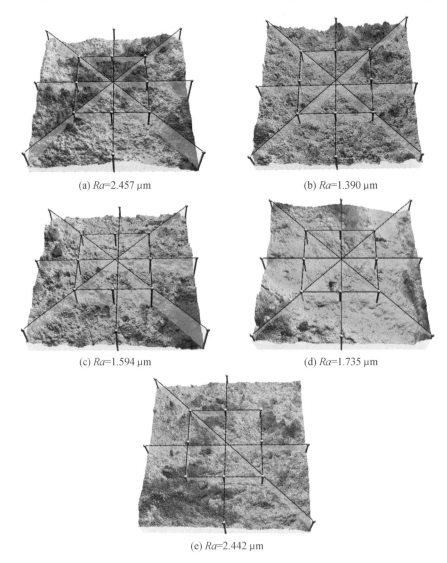

(a) Ra=2.457 μm　　　　　　　　(b) Ra=1.390 μm

(c) Ra=1.594 μm　　　　　　　　(d) Ra=1.735 μm

(e) Ra=2.442 μm

图 5.16　不同铝溶胶摩尔浓度对 Al_2O_3-CeO_2 封孔层表面粗糙度的影响(彩图见附录)

粗糙度主要取决于微弧氧化表面粗糙度。当铝溶胶摩尔浓度由 0.2 mol·L^{-1} 增加到 0.5 mol·L^{-1} 时,表面粗糙度由 1.390 μm 逐渐增加到 2.442 μm,这主要是随着铝溶胶摩尔浓度增加,其黏度逐渐增加,但铝溶胶涂覆表面分布不均匀,陶瓷层无法均匀生长,导致表面粗糙度随之上升。特别当铝溶胶摩尔浓度为 0.5 mol·L^{-1} 时,铝溶胶覆盖层增厚且流动性较差,导致表面平整性变差,铝溶胶涂覆表面局部位置呈团聚状,在高温热处理过程中部分团聚体易从微弧氧化陶瓷层表面脱落,表面形成微弧氧化层和封孔层间断存在的状态,使此时的表面粗糙度增大,以上结果充分证实本章对封孔层厚度变化规律的解释。

5.4.3　不同铝溶胶摩尔浓度对 Al_2O_3-CeO_2 封孔层物相的影响

在热处理过程中,首先铝铈溶胶中由于物理水蒸发及异丙醇发生受热分解(约为 230 ℃)转化为凝胶,随后凝胶经高温煅烧结晶形成氧化铝和氧化铈。图 5.17 所示为不同铝溶胶摩尔浓度制备 Al_2O_3-CeO_2 封孔层表面物相演变规律。研究表明,当铝溶胶摩尔浓度为 0.1 ~ 0.5 mol·L^{-1} 时,经过 550 ℃×3 h 热处理封孔层主要由单斜相氧化锆(m-ZrO_2)和四方/立方相氧化锆(t/c-ZrO_2)组成。从图中可以看出,经 X 射线衍射未发现氧化铝、氧化铈及相关化合物,主要归因于以下两方面:① 封孔层中氧化铝和氧化铈含量小于检出限;② 氢化锆合金表面微弧氧化形成氧化锆中存在部分单斜相,Al^{3+} 和 Ce^{4+} 极易与氧化锆形成置换固溶体。随铝溶胶摩尔浓度增加,m-ZrO_2 含量呈先增加后降低趋势。当铝溶胶摩尔浓度由 0.1 mol·L^{-1} 增加到时 0.3 mol·L^{-1} 时,m-ZrO_2 体积分数由 89.25% 降低为 84.47%;当摩尔浓度由 0.3 mol·L^{-1} 增加到 0.5 mol·L^{-1} 时,m-ZrO_2 体积分数由 84.47% 增加到 90.91%,如图 5.18 所示。铝溶胶摩尔浓度较低时流动性较大,可渗透于微弧氧化微孔及微裂纹,并且容易吸附于氧化锆晶粒表面,有效降低 Al^{3+}、Ce^{4+} 与氧化锆晶格之间扩散障碍,Al^{3+}、Ce^{4+} 与氧化锆易于形成 t/c-ZrO_2,导致随着铝溶胶摩尔浓度由 0.1 mol·L^{-1} 增加到时 0.3 mol·L^{-1} 时,t/c-ZrO_2 含量增加;然而,当铝溶胶摩尔浓度较大时,其流动性变差,由于铝溶胶表面张力作用无法渗透于微弧氧化微孔及微裂纹,与氧化锆晶粒表面吸附性较差,Al^{3+}、Ce^{4+} 与氧化锆晶格之间扩散障碍较大,Al^{3+}、Ce^{4+} 难以扩散进入氧化锆晶格形成 t/c-ZrO_2,导致随着铝溶胶摩尔浓度由 0.3 mol·L^{-1} 增加到时 0.5 mol·L^{-1} 时,t/c-ZrO_2 含量降低。

X 射线光电子能谱(XPS)技术是基于光电离作用,当一束光子辐射到样品表

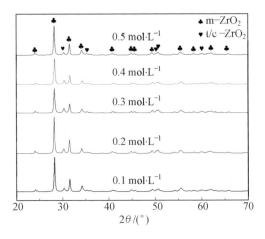

图 5.17　不同铝溶胶摩尔浓度制备 Al_2O_3-CeO_2 封孔层物相演变规律

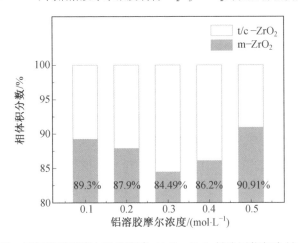

图 5.18　不同铝溶胶摩尔浓度制备 Al_2O_3-CeO_2 封孔层物相含量变化规律

面时,光子可以被样品中某一元素原子轨道上的电子吸收,使该原子解脱原子核的束缚,以一定的动能从原子内部发射出来,变成自由的光电子,而原子本身则变成一个激发态的离子。当固定激发源能量时,其光电子的能量仅与元素的种类和所电离激发的原子轨道有关,由此根据光电子的结合能定性分析物质的元素种类。X 射线光电子能谱是研究薄膜/涂层表面的化学组成及其电子态的重要分析技术之一,本节采用 XPS 对 Al_2O_3-CeO_2 复相封孔层中 Al、Ce 等元素的化学形态鉴定。为有效避免封孔层表面污染的影响,在 XPS 表征前采用氩离子枪对封孔层表面进行轻微刻蚀。图 5.19 所示为溶胶制备 Al_2O_3-CeO_2 封孔层表面 Al、Ce 的分峰拟合 XPS 谱图。研究表明,通过对原始谱峰进行解谱发现拟合结

果为单一峰，$Al^{3+}2p$ 轨道特征峰的结合能为 74.30 eV，为 O—Al 键，可归属于
Al_2O_3 相，如图 5.19(a) 所示。图 5.19(b) 是 Ce3d 的高分辨谱，通过对原始峰谱
进行解谱可以得到 Ce3d 的结合能主要集中在 885.34 eV、903.25 eV 和 906.3 eV
上，其对应的是 Ce^{4+} 和 Ce^{3+} 的结合能，据此可以证实采用设计工艺制备的封孔层
组成为 Al_2O_3-CeO_2 复相氧化物。

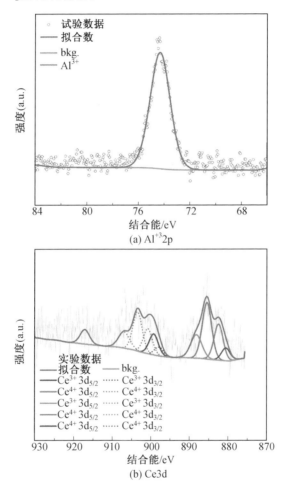

图 5.19 溶胶制备 Al_2O_3-CeO_2 封孔层表面 Al、Ce 元素的分峰拟合 XPS 谱图(彩图见附录)

5.4.4 不同铝溶胶摩尔浓度对 Al_2O_3-CeO_2 封孔层结合力的影响

封孔层与微弧氧化陶瓷层之间的界面结合力是封孔层重要的服役性能之
一。对封孔层材料来说，其结合强度、黏结强度、界面结合力决定封孔层发挥阻

氢渗透性能的前提条件。本节基于压痕法对封孔层/微弧氧化陶瓷层结合力进行评估。采用兰州华汇仪器科技有限公司的 MFT-4000 型多功能材料表面性能试验仪,在压痕试验模式下,通过金刚石压头逐渐增大载荷作用于封孔层表面,通过显微镜观察压痕变化,当压痕周围出现较大裂纹时,表明封孔层的结合力失效,此时的载荷为封孔层结合力的临界载荷。本节测试参数为:加载载荷为 120 N,划痕长度为 5 mm;样品双面皆需进行测试,各面测试三次取平均值作为陶瓷层与基体结合力。图 5.20 所示为不同铝溶胶摩尔浓度制备 MAO/Al_2O_3- CeO_2复合涂层结合力。研究表明,随着铝溶胶摩尔浓度由 0.1 mol·L^{-1}增加到 0.5 mol·L^{-1} 时,封孔层结合强度整体呈增长趋势。当铝溶胶摩尔浓度为 0.1 mol·L^{-1}时,结合力为 73 N;当铝溶胶摩尔浓度为0.5 mol·L^{-1}时,结合力最大,为93.85 N。封孔层-微弧氧化陶瓷层间结合力与涂层特性有关,受溶胶黏度和流动性影响。当铝溶胶摩尔浓度小于 0.3 mol·L^{-1}时,溶胶的黏度小但流动性较大,此时铝溶胶基本以接近液体状态渗透进入疏松层,通过高温烧结,Al_2O_3- CeO_2复相封孔层与微弧氧化近表面形成交互"嵌入式"链接结构,使疏松层致密性增加,提升其结合力。

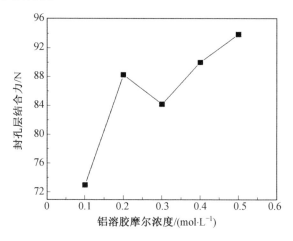

图 5.20 不同铝溶胶摩尔浓度制备 MAO/Al_2O_3-CeO_2复合涂层结合力

5.4.5 不同铝溶胶摩尔浓度制备 Al_2O_3-CeO_2封孔层的阻氢性能评价

图 5.21 所示为基于 750 ℃×10 h 高温放氢试验不同铝溶胶摩尔浓度制备 Al_2O_3-CeO_2复合涂层的阻氢性能。研究表明,随着铝溶胶摩尔浓度从 0.1 mol·L^{-1}增加到0.5 mol·L^{-1}时,氢渗透降低因子整体呈增加趋势,分布在

12.5～18.1 之间;当铝溶胶摩尔浓度大于 0.4 mol・L^{-1}时,复合涂层阻氢效果最
优异,PRF 值高达 18.1。封孔层的致密性和连续性是影响其阻氢效果的主要因
素,主要受浸渍提拉过程溶胶的流动性和难度影响。当铝溶胶摩尔浓度低于
0.3 mol・L^{-1}时,浸渍提拉过程流动性对涂层的质量起主导作用,溶胶的封孔效
果更多表现在微弧氧化陶瓷层的疏松层中,溶胶封孔层厚度较低或不连续,难以
形成完整且厚度均匀的封孔层;当铝溶胶摩尔浓度高于 0.3 mol・L^{-1}时,浸渍过
程中黏度是影响封孔层质量的主导因素,在微弧氧化层表面形成封孔效果优异
的 Al$_2$O$_3$-CeO$_2$复相层;当铝溶胶摩尔浓度为 0.4 mol・L^{-1}时,封孔层阻氢能力最
佳;当铝溶胶摩尔浓度增加到 0.5 mol・L^{-1}时,溶胶黏度过大,导致浸渍提拉溶胶
均匀性差,最终导致微弧氧化陶瓷层表面涂覆的溶胶经热处理后易从表面剥落,
使陶瓷层连续较差,封孔效果差及阻氢性能下降。

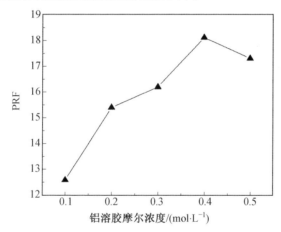

图 5.21　不同铝溶胶摩尔浓度制备 MAO/Al$_2$O$_3$-CeO$_2$复合涂层的阻氢性能

　　质谱仪又称质谱计,是基于气体分子的质量和电离能之间的关系,依据分析
样品中分子的离子数、质量和相对丰度来确定样品中各种成分的含量及组成。
质谱检测氢气的原理是将(含)氢气样品通过质谱仪中的离子源进行电离形成离
子;然后,根据氢分子的质量及不同离子的质量比,通过质谱仪中的磁场分析出
样品中氢气的组成和含量。本节利用四极质谱仪(Quadrupole Mass Spectrometer,
QMS)对氢化锆高温热处理过程中失氢速率进行评估。具体试验过程可描述为:
将试样放入管式气氛炉中,预先通 30 min 氩气形成保护氛围,并以 0.4 mL・s^{-1}
的气体流速持续通入氩气直至试验完成,将四极质谱仪进气口与管式气氛炉出
气孔以三通相接,管式气氛炉的升温速率设为 5 ℃・min^{-1},由室温 25 ℃加热至

750 ℃。质谱仪通过自吸式进气口吸取管式气氛炉逸出气体,对升温过程中氢释放进行实时监测并绘制氢气释放速率–温度曲线。图 5.22 所示为不同铝溶胶摩尔浓度制备 MAO/Al_2O_3–CeO_2 复合涂层放氢速率曲线。研究表明,Al_2O_3–CeO_2 封孔层表现出显著的延迟/阻碍氢化锆中氢的渗透,整体上不同铝溶胶摩尔浓度制备复合涂层的氢释放温度均高于氢化锆慢化剂的服役工况要求温度 650 ℃。当铝溶胶摩尔浓度为 0.1 mol·L^{-1} 时,氢开始释放温度约为 660 ℃;当铝溶胶摩尔浓度增大至 0.2 ~ 0.3 mol·L^{-1} 时,氢开始释放温度约为 700 ℃;当铝溶胶摩尔浓度为 0.4 mol·L^{-1} 时,氢释放温度达到最大值,约为 730 ℃。可见,随着铝溶胶摩尔浓度的增加,氢化锆中氢释放温度呈先上升后降低趋势。影响封孔层阻氢渗透性能的前提是涂层的完整性、连续性和致密性,就提拉旋涂工序而言,取决于溶胶黏度、流动性和提拉速度等,提高铝溶胶摩尔浓度和降低提拉速度有利于制备均匀致密的封孔层。当提拉速度一定、铝溶胶摩尔浓度处于较低水平时,铝溶胶黏度较低流动性大,封孔层厚度小且完整性较差,导致封孔效果较差;随着铝溶胶摩尔浓度增加,封孔层的厚度、完整性和均匀性提升,具有优异的阻氢渗透效果;然而,当铝溶胶溶度过大时,溶胶流动性变差,影响封孔层均匀性和完整性,导致阻氢性能降低,因此失氢温度开始下降。

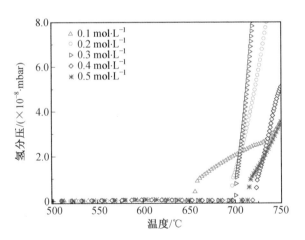

图 5.22　不同铝溶胶摩尔浓度制备 MAO/Al_2O_3–CeO_2 复合涂层放氢速率曲线(彩图见附录)

本章参考文献

［1］ 王志刚. 基于正交试验的氢化锆表面微弧氧化陶瓷层制备工艺研究［D］.
呼和浩特: 内蒙古工业大学, 2014.

［2］ 张泽华. $ZrH_{1.8}$ 表面微弧氧化陶瓷层封孔工艺及阻氢性能研究［D］. 呼和浩
特: 内蒙古工业大学, 2023.

［3］ 王志刚. 快速凝固 Al_2O_3-ZrO_2 纳米共晶组织形成过程与微观机理［D］. 哈
尔滨: 哈尔滨工业大学, 2019.

［4］ ZOU Y C, WANG Y M, SUN Z D, et al. Plasma electrolytic oxidation induced
'Local Over-Growth' characteristic across substrate/coating interface: effects
and tailoring strategy of individual pulse energy［J］. Surface and Coatings
Technology, 2018, 342: 198-208.

［5］ KHAN R H U, YEROKHIN A L, MATTHEWS A. Structural characteristics and
residual stresses in oxide films produced on Ti by pulsed unipolar plasma
electrolytic oxidation［J］. Philosophical Magazine, 2008, 88(6): 795-807.

［6］ HUSSEIN R O, ZHANG P, NIE X, et al. The effect of current mode and
discharge type on the corrosion resistance of plasma electrolytic oxidation (PEO)
coated magnesium alloy AJ62［J］. Surface and Coatings Technology, 2011, 206
(7): 1990-1997.

［7］ XU J L, ZHONG Z C, YU D Z, et al. Effect of micro-arc oxidation surface mod-
ification on the properties of the NiTi shape memory alloy［J］. journal of
materials science-materials in medicine, 2012, 23(12): 2839-2846.

［8］ SHARMA A, WITZ G, HOWELL P C, et al. Interplay of the phase and the
chemical composition of the powder feedstock on the properties of porous 8YSZ
thermal barrier coatings［J］. Journal of the European Ceramic Society, 2021, 41
(6): 3706-3716.

［9］ MOYA J S, DIAZ M, JARTOLOMÉ, et al. Zirconium oxide film formation on
zircaloy by water corrosion ［J］. Acta Materialia, 2000, 48 (18/19):
4749-4754.

［10］ BALLA V K, XUE W C, BOSE S, et al. Laser-assisted Zr/ZrO_2 coating on ti for load-bearing implants [J]. Acta Biomaterialia, 2009, 5(7): 2800-2809.

[11] TETERYCZ H, KLIMKIEWICZ R, LANIECKl M. The role of lewis acidic centers in stabilized zirconium dioxide [J]. Applied Catalysis A: General, 2003, 249(2): 313-326.

[12] Xue W B, Deng Z W, Lai Y H, et al. Analysis of phase distribution for ceramic coatings formed by microarc oxidation on Aluminum alloy [J]. Journal of the American Ceramic Society, 1998, 81(5): 1365-1368.

[13] HUSSEIN R O, NIE X, NORTHWOOD D O, et al. Spectroscopic study of electrolytic plasma and discharging behaviour during the plasma electrolytic oxidation (PEO) process[J]. Journal of Physics D: Applied Physics, 2010, 43(10): 105203.

[14] BISSON J F, FOURNIER D, POULAIN M, et al. Thermal conductivity of yttria-zirconia single crystals, determined with spatially resolved infrared thermography [J]. Journal of the American Ceramic Society, 2000, 83(8): 1993-1998.

[15] YEROKHIN A L, NIE X, LEYLAND A, et al. Plasma electrolysis for surface engineering[J]. Surface and Coatings Technology, 1999, 122: 73-93.

[16] DURDU S. Characterization, bioactivity and antibacterial properties of copper-based TiO_2 bioceramic coatings fabricated on titanium[J]. Coatings, 2018, 9(1): 1.

[17] JI P F, LÜ K, CHEN W D, et al. Study on preparation of micro-arc oxidation film on TC4 alloy with titanium dioxide colloid in electrolyte[J]. Coatings, 2022, 12(8): 1093.

[18] WANG Z G, CHEN W D, YAN S F, et al. Characterization of ZrO_2 ceramic coatings on $ZrH_{1.8}$ prepared in different electrolytes by micro-arc oxidation[J]. Rare Metals, 2022(3): 1043-1050.

[19] WANG W K, LIU K F, TSAI P C, et al. Influence of annealing temperature on the properties of $ZnGa_2O_4$ thin films by magnetron sputtering[J]. Coatings, 2019, 9: 859.

[20] 邹永纯. 铝合金微弧氧化辐射散热复合涂层结构调控与性能[D]. 哈尔滨: 哈尔滨工业大学, 2019.

[21] CHWN W, WANG L, HAN L, et al. Properties of hydrogen permeation barrier on the surface of zirconium hydride[J]. Rare Metals, 2008, 27: 473-478.

[22] WANG W, YAN G, ZHANG J, et al. Hydrogen permeation behavior of zirconium nitride film on zirconium hydride[J]. Materials, 2022, 15: 550.

[23] SHANG W, CHEN B Z, SHI X C, et al. Electrochemical corrosion behavior of composite MAO/Sol-Gel coatings on magnesium alloy AZ91D using combined micro-arc oxidation and Sol-Gel technique [J]. Journal of Alloys and Compounds, 2009, 474(1/2): 541-545.

[24] WU M, PENG J, YAN G, et al. Preparation and properties of composite hydrogen permeation barrier on $ZrH_{1.8}$ by Sol-Gel technique[J]. Surface and Coatings Technology, 2018, 352: 159-165.

[25] COSTENARO H, LANZUTTI A, PAINT Y, et al. Corrosion resistance of 2524 Al alloy anodized in tartaric-sulphuric acid at different voltages and protected with a TEOS-GPTMS hybrid Sol-Gel coating [J]. Surface and Coatings Technology, 2017, 324(15): 438-450.

[26] ZHENG X H, LIU Q, MA H J, et al. Probing local corrosion performance of Sol-Gel/MAO composite coating on mg alloy [J]. Surface and Coatings Technology, 2018, 347: 286-296.

[27] MOYA J S, DIAZ M, BARTOLOMÉ, et al. Zirconium oxide film formation on zircaloy by water corrosion[J]. Acta Materialia, 2000, 48: 4749-4754.

[28] HAURAT E, CROCOMBETTE J P, TUPIN M. Interactions of hydrogen with zirconium alloying elements and oxygen vacancies in monoclinic zirconia[J]. Acta Materialia, 2022, 225: 117547.

[29] WANG Z G, CHEN W D, YAN S F, et al. Direct fabrication and characterization of zirconia thick coatings on zirconium hydride as a hydrogen permeation barrier[J]. Coatings, 2023, 13: 884.

[30] WANG Z G, CHEN W D, YAN S F, et al. Optimization of the electrical parameters for micro-arc oxidation of $ZrH_{1.8}$ alloy[J]. Rare Metals, 2022, 41: 2324-2330.

英文名称缩写

SNR	空间核反应堆
SNAP	空间核动力辅助计划
RTG	放射性同位素温差发电器
RO-MASHKA	核反应堆温差发电器
TOPAZ	热离子辐射式电源
TFE	热离子燃料元件
SEI	宇宙探索
M-SLHC	堆芯慢化方案
HCP	密排六方结构
BCC	体心立方结构
p-T-C	压强-温度-浓度
PBR	氧化物与形成该氧化物消耗的金属的体积比
VOX	金属表面形成的氧化膜体积
VM	生成氧化膜所消耗的金属体积
$m-ZrO_2$	单斜相氧化锆
$t-ZrO_2$	四方相氧化锆
$c-ZrO_2$	立方相氧化锆
MAO	微弧氧化
PMAO	等离子微弧氧化
MPO	微等离子体氧化
PECC	等离子体增强电化学表面陶瓷化
PEO	等离子体电解氧化
MDO	微弧放电氧化
ASD	阳极火花沉积
ANOF	花放电阳极氧化
SAP	火花阳极化工艺
CVD	化学气相沉积法

PVD	物理气相沉积法
VPS	真空等离子喷涂
HDA	热浸铝法
PC	包埋法
Sol-Gel	溶胶-凝胶
PEO	等离子体氧化
EDTA	乙二胺四乙酸
PSZ	部分稳定氧化锆
Y-PSZ	氧化钇部分稳定氧化锆
Mg-PSZ	氧化镁部分稳定氧化锆
Ca-PSZ	氧化钙部分稳定氧化锆
XRD	X 射线衍射
PRF	氢渗透降低因子
EDS	X 射线能谱
SEM	扫描电子显微镜
ANOVA	方差分析
DOF	自由度
UDM	非均匀变形模型
EIS	电化学阻抗谱
XPS	X 射线光电子能谱
QMS	四极质谱仪

附录 部分彩图

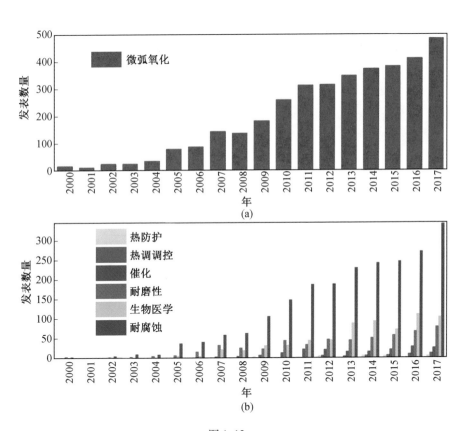

图 1.12

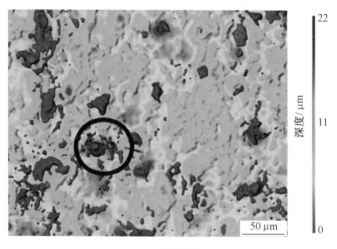

图 2.28

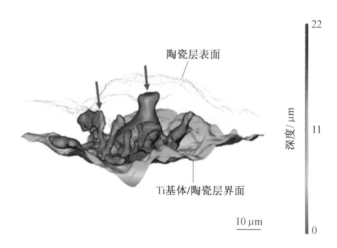

图 2.29

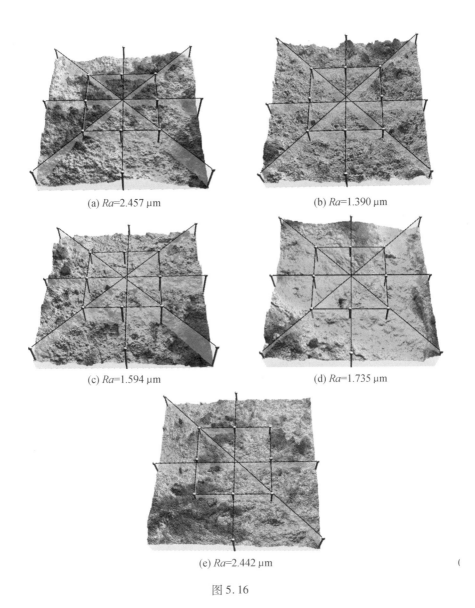

(a) Ra=2.457 μm

(b) Ra=1.390 μm

(c) Ra=1.594 μm

(d) Ra=1.735 μm

(e) Ra=2.442 μm

图 5.16

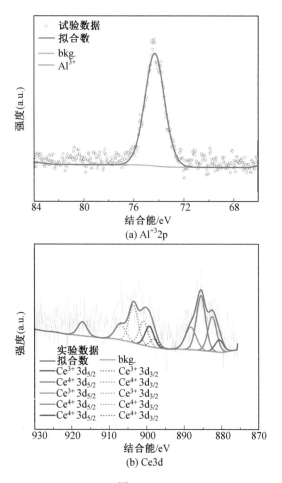

(a) Al^{+3}2p

(b) Ce3d

图 5.19

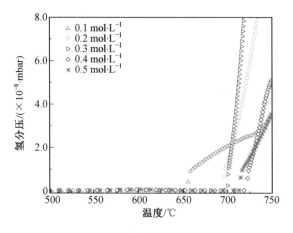

图 5.22